U0202877

启笛 | 听 见 智 慧 的 和 声

菜园简史

Histoire du jardin potager

Florent Quellier

〔法〕弗洛朗·凯利耶 著

卫俊 译

目录

《伊甸园》，依据薄伽丘（Boccace）作品绘制的细密画，1465年，现藏于法国尚蒂伊（Chantilly）孔德博物馆（musée Condé）。

亚当是上帝创造的第一个人，上帝将他创造出来，让他耕种和看守伊甸园。无论是从本义上说还是从转义上说，最初的园子都是提供食物的菜园，尤其是在《圣经》故事中，只有等到大洪水之后上帝才允许人类吃肉，在此之前人们更是依赖菜园。在这幅中世纪的彩色插画中，人们用栅栏将菜园围了起来。

序言

历史学家诺埃尔·库莱（Noël Culet）在1967年发表了一篇关于菜园史的文章，开篇写道："人们没有认识到菜园（jardin）[1]的重要性。"这一说法如今仍然适用。在有关风景和园林历史的研究中，菜园的地位十分可怜，相关著述颇为贫乏，比起花园研究，可谓天壤之别。毕竟，菜园这种园子不是太常见、太普通了吗？相比于灌木林里巴洛克式的惊喜，以及英国中式花园[2]的奢华，菜园里的卷心菜、胡萝卜以及生菜只会显得卑微寒酸。没人会把哪个菜园誉为"智慧之园"或"感性之园"。

然而，最初的园子却都是生产食物的菜园。最初的乐园伊甸园以及西方文学中的第一个园子阿尔基诺斯园（le Jardin d'Alcinoos）（《奥德赛》第7卷），都是提供食物的菜园。除指向过去有权有势者的花园住宅外，在西方，"jardin"一词在很长时间内指的就是"菜园"。15世纪末期以来的大多数所谓园艺书籍都在讨论蔬菜和水果种植，而不是黄杨木、草坪或水景的打理。在诸如"一道园艺菜"（un plat de jardinage）、"驾驶园艺车去市场"（mener une voiture de jardinage au marché）或"从事园艺"（faire du jardinage）等表达中，"园艺"一词都包含了"蔬菜"之义。把花园和菜园严格区分的做法，其实是忘了中世纪的"草药园"（jardin herbes）和伟大世纪[3]的贵族果蔬园都既是花园，也是菜园，这和20世纪社区

1 jardin在法语中既指观赏性的花园，也指提供食物的菜园或果园，另外也可泛指园子，此处及后文都根据jardin一词所处的具体语境分别处理。全书的注释皆为译者注，后文不再注明。——译者注

2 jardin anglo-chinois，18世纪英国人模仿中国园林建造的园林。

3 伟大世纪（Grand Siècle），大致上是指法国的17世纪。

园圃[1]的使用方法如出一辙。

但是，自从人类定居以来就伴随左右的菜园，却没有得到我们足够的尊重，我们说谁傻的时候，不经常说他“傻得像卷心菜”[2]一样吗？菜园似乎被定义为“平淡无奇”“家庭日常”“且缺乏创造力的种植空间”。如果说得更难听些，菜园就只是残存在市场经济中的一种古旧之物。然而，菜园的悠久历史却展现了其完全不同的一面。哪怕仅仅考虑到植物的驯化、杂交和选择，这段历史也首先是一段现代性的历史。我们菜园里的洋蓟最初是来自地中海沿岸的野生蓟。部分美洲植物演化为欧洲品种的过程也发生在菜园中。可以看出，改造自然的艺术就诞生在这些菜园里。

从词源上来看，“菜园”（potage）里有个“锅”（pot），它生产锅里的蔬菜，所以不值一提。但菜园里也种植香草、药材和水果鲜花。有了这些鲜花，玛戈（Margot）小姐就能在婚礼时制作花束。[3]另外，菜园里常常还养着一些牲口。但是，有关食物的历史却并没有怎么提及菜园。由于资料的匮乏，历史学家只能依照修道院和贵族菜园来衡量菜园的重要性。20世纪以前，计算菜园对家庭的食物供给量是不可能的。不过，即使无法精确计算多少菜园产品是用来自我消费的，我们在历史叙事中依然应当给予菜园应有的地位。

因为与家庭紧密关联，菜园显得稀松平常甚至微不足道。但正是因为这些特点，菜园反而更加重要。人们打理菜园，靠菜园维持

---

1 jardins ouvriers，又可称作 jardins associatifs 或 jardins familiaux，是从法国19世纪末期开始出现的、让社区居民从事园艺与农事耕作的园子，本书译为“社区园圃”。

2 bête comme chou，法国俗语。

3 此句出自拉封丹寓言《园丁和他的主人》（*Le jardinier et son seigneur*），详见第83页。

生计，那么菜园也反过来成为人类的写照。借助菜园的历史，我们得以置身于一个个文明的中心：透过修道院菜园和农民菜园里的卷心菜与甜菜，我们更加了解中世纪文明；透过当时的时鲜蔬菜和贴墙种植的水果，我们得以走进法国的旧制度[1]时期；透过社区园圃，我们可以更加熟悉20世纪。无论是度假地里的、教区里的还是社区里的菜园，它们都向我们展示了一种人类与世界的关系，一种现实或理想的社会政治秩序。

1749年，巴黎出版社出版了一本名为《菜园学院》(*L'École du potage*)的园艺专著。现在让我们借用这个标题，一同出发前往“菜园学院”，去探寻那些围绕着菜园进行种植、培育和消费活动的社会，重新发现这些社会里的束缚、自由、恐惧、渴望、沮丧、梦想、想象，乃至于乌托邦式的幻想。

1 l'Ancien Régime，指1789年资产阶级革命爆发前的法国王朝。

E. 戈达尔（E. Godard）创作的彩色版画，1879 年，选自维尔莫兰系列画册（l'Album Vilmorin）中的《菜园植物》（*Les plantas potaères*），巴黎，维尔莫兰－安德里厄公司（Vilmorin-Andrieux & Cie），1850 至 1895 年。

这张画选自著名的维尔莫兰系列画册，这些饱满的草莓和土豆皆引进自美洲，人们在菜园中通过数世纪的选择、杂交和驯化工作才将画中的这些作物培育成欧洲品种。画里的水果蔬菜画得特别精细，说明当时园艺活动依然很受欢迎。

最初的园子是生产食物的菜园

上帝把那人安置在伊甸园，叫他耕种、看守园子。

《创世纪》(*Genèse*) 第 2 章第 16 节

让－雅克·卢梭（Jean-Jacques Rousseau，1712—1778）在《爱弥儿，或论教育》（*Émile ou de l'éduction*，1762）里讲了这样一个故事。为了告诉学生爱弥儿什么是“所有权”，卢梭特意选了乡间别墅旁的一片菜园，让小爱弥儿在这里种蚕豆。在老师的陪同下，爱弥儿每天都来这里给种子浇水，观察植物的萌芽、破土和生长。随着植物的生长，爱弥儿也渐渐知道了什么是“所有权”。

卢梭写道：“我们每天都给蚕豆浇水，看见它们长起来的时候，简直是高兴极了。我对他说：‘这是属于你的。’他一听这话，就更高兴；当我给他解释‘属于’这个词的意思时，我使他意识到他在这里投入了他的时间、他的劳动、他的辛勤以及他的人格；使他意识到在这块土地上有他自己的东西，有权制止任何人的侵犯，正如他可以在自己的手被强拉时收回来。”[1]

爱弥儿住得离菜园很近，他每天都来菜园，精心打理蚕豆，因此更加体会到蚕豆是属于他自己的。但是为了播种蚕豆，爱弥儿毁掉了园丁罗贝尔种好的马耳他甜瓜苗。罗贝尔大发雷霆，愤怒地铲掉了蚕豆，这让爱弥儿十分难过。但这个教训也促成了老师卢梭有关“所有权”概念的教导，让爱弥儿更加懂得，菜园并不是一

1　此处中译参考：卢梭：《爱弥儿，或论教育》(*Émile ou de l'éducation* 第 2 卷，李平沤译，商务印书馆 1978 年版，第 105 页。

《尘世乐园与人类的原罪》，据传由扬·勃鲁盖尔一世（Jan Bruegel I）所画，16—17世纪，罗马多利亚－潘菲利美术馆（Galleria Doria-Pamphilj）。

片被遗弃的荒地。

卢梭选择一处菜园来解释所有权的诞生，另外，为了说明菜园在很早以前就关联着所有权问题，他又以蚕豆为例来解释，因为在古代人们就已经广泛食用蚕豆，与之形成对比，珍贵的马耳他甜瓜则是18世纪现代园艺的代表性作物。

家庭菜园

菜园是家庭的自然延伸，无论是从法律角度看，还是从空间布局看，菜园往往都与住宅关联在一起。中世纪的新式巴斯底德式城镇（Bastide）就充分体现了这一点。按照巴斯底德的地契，每户居民分得四块土地，分别用来建造房屋、做菜园、栽葡萄、种粮食。按照这个标准，1290年为格勒纳德（Grenade-sur-Garonne）巴斯底德规划的3000座房屋，就配备了同样数量的菜园。另外，1242年为布洛克（Bouloc，塔恩－加龙省）巴斯底德制定的地契也给每个房屋分配了四块土地，其中包含了一块面积为1400平方米的菜园。

巴斯底德式菜园常常被称为“卡萨尔”（casals）或“卡萨里耶”（casalères），面积一般为1000到1200平方米。这样大小的菜园足以为一户人家提供必要的蔬菜和草药，吸引并留住垦荒者。这些菜园的面积会比一般菜园大，这样，外来家庭一定居就能获得充足的食物维持生计，以后还能有闲田再行开垦和栽种葡萄。

菜园通常与住宅紧密联系在一起。在法国旧制度下的最后一次测绘行动中，测量人员编写了贝尔蒂埃·德·索维尼（Bertier de savigny）土地册（1776—1791），里面就使用了“住宅－庭院－菜园”这一范畴，另外在16到18世纪的许多租赁和销售合同中也可以找到这种表述。“住宅–庭院–菜园”这个生产单位起源于中世纪庄园，由住宅、住宅附属建筑、庭院和菜园组成。它有许多不同的名称，在勃艮第地区被称为“梅克斯”(mix)，在科州(Pays de Caux)被称为“马叙尔”(masure)，在普罗旺斯被称为“马斯”(mas)，在西南地区被称为“卡萨尔”(casal)……这个生产单位突出了菜园与人之间、菜园与住宅之间的紧密联系，强调了菜园为人类提供食物的基本功能。所以，为了更好地理解菜园，我们不能孤立地看它，而应该将菜园放到与庭院、住宅和住宅附属建筑（如猪

《爱弥儿》里的一张版画，该书收录于《卢梭全集》第6卷，让–雅克·卢梭，巴黎，托明和福蒂克出版社(édition Thomine et Fortic)，1822年。

这幅插图画了一处菜园，里面有玻璃罩、锹、浇水壶、花坛、小道、瓜苗等，卢梭正在这片菜园里向年幼的爱弥儿讲授什么是“所有权”。插图下面的说明文字强调要尊重别人的劳动成果。

舍、鸡舍和厕所）连接的更大的空间体系中看待。

乡村还有独立于住宅区的菜园。有时它们离住宅区很远，人们会单独出租或出售它们。而在城市里由于空间有限，独立于住宅的菜园更为常见，且往往被安置在城墙之外的郊区位置。这些菜园通常也建有配套的栅栏和小屋，与配套建筑一起重塑了“住宅－庭院－菜园”统一体。而20世纪发展起来的社区园圃的雏形，就是这些统一体。

尽管有不附属于住宅的菜园，有关菜园的想象总是从根本上与所有权观念以及家庭观念联系在一起，菜园比葡萄园、谷地或者草地更为明显地体现出这一特征。菜园具有明显的家庭属性，它就在房前屋后，人们几乎每天都要在这里劳作，在这里灌注自己的心血。它为家庭的一日三餐提供食材、从各个方面看它都是家庭财产的象征，特别是在经济困难的时候，家庭最后的资产往往就是“住宅－庭院－菜园”三者合一的土地。

维持生计的菜园

中世纪最后两百年，艾克斯的城市菜园和近郊菜园中，种得最多的蔬菜是卷心菜、韭葱、蚕豆和洋葱。我们发现了一份1438年的租约，里面详细描绘了纪尧姆·艾默里克（Guillaume Aymeric）在城墙和加尔默罗修道院（couvent des carme）教堂间精心耕作的菜园。菜地里种了蚕豆、韭葱、两种卷心菜（白卷心菜和绿卷心菜），以及至少四种洋葱，这些洋葱按成熟的时间命名，分别为圣米歇尔日洋葱、圣马丁日洋葱、八月洋葱和晚熟洋葱。在租约精确指明的24个方形地块中，卷心菜和洋葱各占了8个地块，韭葱和豆类各占3个。尽管菜园也种了菠菜、欧芹、莴苣、欧洲防风草

《韭葱商人》(*Merchand de poireaux*),伊本·布特兰 (Ibn Butlân) 所著《健康全书》(*Tacuinum sanitatis*) 中的彩色插画,创作于 1390—1400 年,手抄本现藏于巴黎法国国家图书馆,编号:NAL 1673, fol. 24。

韭葱是西方菜园里最常见的蔬菜之一,人们用它煲汤或者煮粥。插画中央处有一个柳条篮子,特别显眼,人们在采摘、运输以及销售蔬菜时都会用它装东西。

朱塞佩·阿尔钦博托（Giuseppe Arcimboldo），《园丁》（*Le Jardinier*），木版油画，约创作于1590年，现藏于克雷蒙纳（Crémone）赛维科·阿拉·蓬佐内博物馆（Museo Civico Ala Ponzone）。

画中园丁的脸是由一些蔬菜水果组成的，里面有核桃、榛子、栗子、萝卜、胡萝卜和洋葱。当时的人们害怕饥荒，偏爱这些耐储藏的食物。倒过来看，画中园丁的帽子就变成了一口锅，当时人们就用类似的锅把这些蔬菜煮成汤。

和琉璃苣，但作物的选择上还是能体现出日常饮食的特点，因为里面种得最多的还是一些耐储藏的蔬菜，以及全年大多数时间里都有产出的蔬菜。菜园里还有一个葡萄架、一棵樱桃树、一棵桃树，以及几英尺长的玫瑰花丛。

在西方文化中，卷心菜象征着菜园。在图像志和文学作品里，提到卷心菜就是在说菜园。文集《神父传》（*la Vie des pères*）写作于13世纪左右，里面第38个故事讲了一位修女被魔鬼诱惑的过程。修女善良圣洁，为了骗她，魔鬼在修道院的菜园里设了一处陷阱，他“自然而然地”（naturellement）拿卷心菜当诱饵。一个晴朗的夏日早晨，修女来到菜园里放松心情。她看见一片鲜嫩可口的卷心菜叶子，食欲大开，殊不知魔鬼此时已经悄悄溜进这片叶子里了。修女匆匆忙忙地摘下叶子吃了，忘了画十字祝福，就这样，她被魔鬼附身了！另外还有一句17世纪的法国谚语，用来指称那些支配他人思想或财产的人，谚语形容“这种人把别人变得如同菜园里的卷心菜一样”。

毋庸置疑，卷心菜在中世纪菜园和现代菜园里都特别重要。卷心菜的优点突出，即使在冬天也有产出，人们可以用它煮汤或炖肉吃。旧制度下，许多对农民的贬称都与卷心菜有关，如“卷心菜肚”（ventre à choux）以及“卷心菜种植者”（plantteur de choux）等。当时人们也用“菜根”（mache-rave）来指称农民，这个绰号源自“芜蓝”（raves）这种生长在菜园里的根茎类蔬菜。而“乡巴佬”（pedzouille）这个绰号的含义是“吃豌豆的人”：这是因为豌豆和蚕豆耐储藏，菜园里也常常种植。中世纪之后，人们还会把这些豆子播撒在野外以及葡萄树之间的空地上。

豌豆和蚕豆帮助人们度过漫漫冬季。人们把它们磨成粉加到汤、粥或者面包中，能使这些食物的口感更加醇厚。有一种流行的说法是“这是连豆子都吃完的时候”，这里的豆子指的是干豆子，包括豌豆和蚕豆。在经济萧条和食物短缺的时候，耐储藏的食物极大程度上避免了饥荒，此时如果连豌豆和蚕豆都吃完了，家里就彻底揭不开锅了。

人们之所以依恋菜园，是因为常常吃不饱饭。特别是经济形势不好的时候，食物供给不足，许多人都是吃了上顿没下顿，而且常常好几代人都面临饥饿问题，对饥饿的恐惧代代相传，所以大家都特别看重菜园。当时无论是在城市还是在乡村，菜园都随处可见，而且人们往往会花很多时间来打理菜园，希望给家里补充点食物。当然，这种饥饿文化的盛行程度取决于当时具体的经济形势。

中世纪和旧制度下的菜园生产对家庭经济至关重要，但由于它们不受税收、市场和会计制度的管辖，就没有被系统地统计和记录。因为缺乏这些资料，历史学家就没法计算当时菜园生产在家庭经济中所占比重。菜园和小型家庭养殖业，以及食物捐赠、采集、捕鱼、偷猎，都属于食物历史中的灰色地带。忽视它们，我们就会不可避免地消极看待大众日常饮食。如果仅仅依赖记录在案的资料，我们就会忽略家庭零星生产的食品，高估谷物在日常大众饮食中的占比，误以为大众的饮食十分单调。但当时的菜园也生产各种蔬菜、香草和水果，它们丰富了居民的饮食，只不过我们的文献很少记录这些食物。而且菜园里生产的蔬菜水果除了让居民的饮食更加丰富，也为他们提供了必要的维生素。

因此，“我们普遍认为，过去的饮食是相当多样化的，未被记录在册的水果和家庭养殖业产品，以及菜园里生产的、甚至偷猎来的食物一起保证了居民的营养均衡，虽然这一均衡有时会因为整体收成突然不好而受影响。”

历史学家盖·卡布尔丹（Guy Cabourdin）对17世纪洛林地区（Lorraine）的这一看法同样适用于法国旧制度时期的三个世纪以及中世纪时期，他的话强调了菜园对于百姓的重要性。在旧制度时期，农村婚姻契约甚至规定，在丧偶的情况下，遗孀有权分得菜园里的几方土地以及一些园艺工具，以便她能够自给自足。

供给家庭的菜园

菜园的发展根植于人们对于食物短缺的恐惧。一代代农民，以及20世纪在城市工作的工人，都花费了很多时间打理菜园，因为他们认为菜园可以保障食物的供应。

法国大革命之前，农民面临许多困难，例如集体耕种时的限制、针对农民的土地征用、新一轮粮食、蔬菜未收成时食物价格的上涨等，而菜园能给农民提供一些补偿。菜园属于私人财产，靠近住所，为家里提供丰富食物，而且具体种什么，完全由农民自己决定。在这里，农民既不用被统治阶级强制要求种植谷物，也免去了税收以及在市场上买卖的成本，所以菜园自然而然成为农民保障家庭食物供应的理想场所。

长久以来对于食物短缺、食物价格疯涨的恐惧，以及缴税的压力（当时教会有针对农产品的什一税[1]，而菜园的产生则不用缴税），因此，菜园自然而然成为农民的一片乐土。农民在菜园这一方小小土地上种满了蔬菜、香草、水果以及谷物，希望最后收成满满。而且菜园里不仅种着作物，农民往往还会在里面放几个蜂箱养蜂，或者养一些家畜家禽，比如兔子和鸡。农民太希望避免食

1 dîme，什一税，是欧洲基督教会向居民征收的宗教捐税，教会宣称农牧产品的十分之一属于上帝。

物短缺的窘境，所以会尽可能利用每一寸空间，把作物种得密密麻麻，并花费大量时间精心打理维护。只有精英阶层才可能完全不在花园中种植蔬菜、香草和果树。

在菜园的悠久历史中，农民一直通过菜园避开市场的管辖，给家人补给一点食物。但我们也不能高估菜园的重要性，从中世纪到现代，西方家庭主要还是吃谷物，农民并不能单靠菜园实现自给自足。因为菜园为穷苦家庭的生存提供了必不可少的食物补充，所以蔬菜往往代表着贫困。在中世纪，人们并不是通过菜园作物来彰显财富，而是以白面包、烤肉和酒为财富标签。这些食物并不是锅里烧的普通菜肴，而是产自丰饶之地的精美食物（13 至 17 世纪）。直到 17 和 18 世纪，菜园里的一些果蔬才被视为奢侈的食物，不过这些也不是随便什么普通的蔬菜水果，而主要是一些时兴蔬菜以及“贴墙种植的水果”（fruits d’espalier）。

锅里的蔬菜

中世纪以及旧制度下的法国人民一般用两种方式烹饪菜园里的蔬菜，他们要么把蔬菜煮成蔬菜汤，要么做成蔬菜粥。直到 1810 年人们才习惯将几种新鲜蔬菜切好混合，做成蔬菜什锦，它是 19 世纪资产阶级经常吃的菜肴。1740 年出版的《加斯科涅菜谱》（*Le Cuisinier gascon*）是一本面向贵族阶级的菜谱，这是史上第一次记载蔬菜什锦的做法：

> 制作蔬菜什锦需要一升豌豆、半升蚕豆、一把四季豆以及一些胡萝卜。将蚕豆和四季豆切成豌豆大小，再把胡萝卜切成片，接着用上好的黄油把这些蔬菜搅拌均匀，一道蔬菜什锦就做好了。

《采摘葡萄与苹果》(*Cueillette du raisin et des pommes*)，巴特莱米(Barthélemy l'Anglais)所著《事物特征之书》(*Livre des propriétés des choses*)中的一幅彩色插画，法文版由让·科比松(Jean Corbichon)翻译，1480 年版手抄本现藏于巴黎法国国家图书馆，编号：Français 9140, fol. 186V。

中世纪晚期和旧制度时期的菜园里常常有这种供藤蔓攀爬的木架子。16 至 17 世纪的巴黎城市地图甚至用木架子图案来指菜园。人们会用未成熟的绿葡萄制作绿葡萄酒，中世纪和文艺复兴时期的许多食谱都记载了这种酸味葡萄酒的做法。

正如每户都有一方菜园一样，中世纪和旧制度时期的家庭都有一把陶罐，人们的一日三餐都要用陶罐煮汤。日常烹饪之所以以煮为主，是因为这种烹饪方式便宜简单，做出来的东西味道尚可，而且比较卫生。煮东西的时候家庭主妇不需要做太多预加工，甚至不需要给蔬菜去皮，只需要最基本的厨具，即使不懂复杂的烹饪技巧也可以做好饭。煮汤的时候妇女还可以兼顾其他事情，没喝完的汤加点水再热一下就又能应付一顿。菜园里的各种蔬菜，不管是新鲜的还是干燥的，最终都能煮成汤。面包一般是提前做好的，等汤煮好后再泡汤吃。在中世纪，所谓的汤（soupe）就是指面包片泡蔬菜汤。煮汤既可以为水消毒，也可以给劣质的食材消毒（比如已经受损的、熟透的或者冻坏的蔬菜，以及腐坏的、味道浓烈的油脂），让它们变得可以下咽，避免浪费食物。毕竟对于贫苦家庭来说，一小块肉和骨头，也可以凑成全家的一顿饭。

菜园里的蔬菜也可以用来做蔬菜粥（porée）。在中世纪最后几百年的手抄本中，“porée”这个词经常出现，但它的含义并不十分明确。有时候人们会把 porée 随意地翻译成韭葱（poireau），但实际上 porée 这个词包含多层含义，它可以指韭葱，也可以指其他绿色蔬菜，或者指将几种绿色蔬菜切碎压烂做成的什锦。有一份 14 世纪的手抄本就用“jardin a porrees”一词来指称种着卷心菜、甜菜、欧芹和小洋葱的菜园。就像“jardinage”以及“herbage”这些词一样，porée 可以指种的蔬菜，也可以指用蔬菜做成的菜肴。诗人尤斯塔奇·德尚（Eustache Deschamps，1346—1407）在一首诗中提到 porée：“希望你知晓，用水田芥做粥（porée），味道最美妙。也有人把欧芹做成粥（porée）。”14 世纪末有一位老人给他的年轻妻子写了本《巴黎家政》（*Le Mesnagier de Paris*），里面讨论园艺和菜谱的部分都提到 porée 这个词。讨论园艺的时候，porée 指的是多叶蔬菜，老人写道：“12 月和 1 月，多叶蔬菜（porées）的地上部分会枯萎死去，但2月的时候老根又会萌发出新叶。”在讨论菜谱的部分，老人又把8道菜称为porée，具体包括用葱白、猪肉和洋葱做成的白粥（porée blanche），用甜菜、牛羊肉汤和洋葱做成的甜菜白粥（porée blanche de bettes），用水田芥、切碎的甜菜或欧芹和肉汤做成的水田芥粥（porée de cresson），用菠菜和绿葡萄酒做成的菠菜粥（porée d'épinards au verjus），用甜菜、猪羊肉汤、欧芹和切碎的茴香做成的甜菜粥（porée de bettes），用绿葡萄酒和绿叶蔬菜做成的绿蔬粥（porée verte au verjus，这种porée最为普通），用小卷心菜做成的小卷心菜粥（une porée de minces des petits choux）以及用肥肉脂肪做成的黑粥（porée noire）。

为了让菜园蔬菜吃起来更显奢侈，人们必须不循常规，要么挑选刚刚上市的时蔬吃，（比如中世纪末富裕的巴黎人特别热衷于选购最早上市的那批豌豆），要么就搭配着一些并非产自菜园的上等食材吃，比如动物脂肪、肉或者面团等。作家尼古拉斯·雷夫·德拉·布列塔尼（Nicolas Rétif de la Bretonne，1734—1806）回忆道，童年时他母亲巴贝·费雷特（Barbe Ferlet）会用蔬菜和面团做成菠菜和韭葱馅饼。许多法国俗语都会说，“蔬菜本身并不能彰显财富、兴旺和成功，真正见档次的，是人们用什么食物来搭配蔬菜”。这表明，菜园里的蔬菜依旧是贫困的象征。15世纪有一句俗语用来形容事物A对事物B有益：即事物A给事物B的卷心菜里加了一些油脂（en faire ses choux gras），因为只有搭配脂肪的卷心菜，才会被看作上档次的美味。17世纪也有类似的表达，比如“往豌豆里加些猪油”（faire ses pois au lard）以及“它就像豌豆里面加的猪油”（cela vient à propos comme lard en pois），或者是“只有卷心菜不行，你还需要脂肪”（ce n'est pas tout que les choux, il faut encore de la graisse）等说法。19世纪的加斯科涅地区还有这种讲法：“没有放油的卷心菜，把它送给魔鬼吧”（des choux sans huile,

让-巴蒂斯特·西梅翁·夏尔丹(Jean-Baptiste Siméon Chardin),《削萝卜的女人》(*La Ratisseuse*),油画,大约画于1738年,华盛顿有一幅该画的复制品,原作藏于德国慕尼黑老绘画陈列馆(Alte Pinakothek)。

画中的仆人用刀给萝卜削皮,削好后扔到水盆里。油画前景处的南瓜无疑是用来做汤的。无论对于农民还是上层人士,汤都是很主要的食物。

donne-les au diable)。另外还有从 19 世纪下半叶一直沿用到现在的表达："在菠菜里放点黄油"(mettre du beurre dans les épinards)，这种说法依然凸显了菜园蔬菜与商品食物之间的对立，前者(菠菜)代表着贫穷，后者（黄油）则象征着富裕。

菜园和庭院里也常常种着水果。从中世纪开始，菜园蔬菜旁往往种着红色浆果，比如醋栗、覆盆子以及草莓，以及一些果树，例如苹果、樱桃、木瓜、李子等，这些水果生吃或熟食都可以。尼古拉斯·德·博纳丰（Nicolas de Bonnefons）1654 年出版的《乡村乐事》(*Les Délices de la campagne*）一书中列出了许多水果食谱，普通百姓不需要专门的厨具或昂贵的食材就可以制作。比如将苹果放在火上烤，放进陶罐里煮，或者加一块黄油放在锅上煎；或者把梨放在苹果酒或葡萄酒中，在热炭灰里炖煮。因为每家每户都有炉子、陶罐和煎锅，所以家家户户都可以烹饪这些简单便宜的食物。相比之下，不是所有人都能吃到果酱，因为糖直到 19 至 20 世纪才走入寻常百姓家，在此之前，只有富人才能享用果酱。

修道院菜园

菜园以及蔬菜在修道院生活中占据着重要位置。虽然菜园并不是中世纪才出现的新事物，它却与基督教的两个重要群体密切相关：一是生活在修会中的僧侣，二是独自修行的隐士。因为菜园既可以给身体提供食物，又能滋养和磨砺修士们的灵魂，所以菜园以及园中蔬菜在理想的修道院生活图景中必不可少，我们从修道院的戒律里也能看出这点。

公元 4 世纪的圣帕科姆 (saint Pacôme) 戒律是最古老的修道院戒律，

塞巴斯蒂安·斯托斯科普夫（Sébastien Stoskopff），《有卷心菜和陶罐的静物画》（*Nature morte au chou et au pot d'argile*），布面油画，1630—1635年，格林威治，由弗纳·里德（Verner Reed）大使收藏。

中世纪至今，卷心菜在西方文化中一直象征着菜园。蔬菜的后方画着一口陶罐，人们用它做蔬菜汤或者蔬菜粥，填饱肚子。画的右侧有两个苹果，它们和卷心菜一样都是球形的[1]。

1　这里是个语言游戏。法语中苹果为pomme，其形容词形式为pommé，意思为“苹果形的，球形的”，而球形的卷心菜又正好被称为chou pommé。这幅画恰好呼应了这层含义。

戒律里面就提到了菜园。埃及第一个修士团体的创始人规定，“未经园丁许可，任何人不得擅自从菜园中采摘蔬菜”。中世纪早期的修道院餐食以蔬菜为主，因为圣本笃（saint Benoît）戒律规定修道院修士主要吃由豆子和蔬菜做的汤和粥。修士们为了体验贫困，天天吃菜园中的蔬菜；而修道院里这种主动的“贫困”是有价值的，因为它是自愿的，而不是被迫的。修道院的伦理规范沿袭并强化了中世纪文化对菜园蔬菜的贬低。

除了祈祷和工作，圣本笃戒律还要求修士们从事体力劳动，这也展现了修道院生活清贫的一面。讨论体力劳动的时候，戒律又多次提到菜园，戒律的第 66 章第 6 条写道：

> 如果可能的话，应当把所有必要的设施都建在修道院内，包括取水设施、磨坊、菜园等，这样修士们就能在修道院里面完成各项工作，而不用到院外去，去外面会玷污他们的灵魂。

对于最早期的修会来说，菜园既是提供食物的地方，也是体验谦卑和贫困生活的场所。修会还能把种的菜施舍给他人，做一些慈善工作，这也是修会戒律所要求的。

保存在圣加仑修道院（abbaye de Saint-Gall）的一张 9 世纪的平面图向我们展示了加洛林王朝本笃会一处修道院（monastère bénédictin carolingien）的平面规划，里面包含了目前仅有的一份中世纪园林平面图。里面不仅标明了哪里是药园（herbularius）、菜园（hortus）以及墓地 – 果园（verger-cimetière），还标出了植物的名称。蔬菜和草药种在过道两侧的花坛中，人们依照植物的食用、药用以及象征价值精确规划它们的位置。这些园子的空间分布很合理，药用植物园象征着知识和对身体及灵魂的照料，因此它靠近医务室和修道院院长的住所。果园和菜园则建在厕所、鸡舍、

1750 年的蚀刻版画，佚名。

修士们在一个封闭的菜园里忙碌。这幅画表现了他们在菜园里种菜的整个过程，从挖土、播种、除草、浇水到收获。最早的修道院戒律规定，修士们必须通过体力劳动实现自给自足，在贫穷的生活中学会谦卑。

谷仓、厨房以及食堂附近，因为这些地方生产有机肥料，人们可以把这些肥料施到果园或菜园里。人们常会建立菜园、厕所和家禽饲养地三者组成的经济关联体，在 20 世纪依然沿用。因为墓地是封闭的，且靠近住所，所以人们也经常在里面种东西。一直到 18 世纪，许多农村和城市墓地都被当成农业空间来管理，这些墓地中的菜园为动物提供草料，为人类提供水果，里面的收成还可以拿来支付租金或者售卖。

圣加仑修道院平面图中的菜园里有 18 块菜地，里面种了各种蔬菜与香草，包括洋葱、韭葱、卷心菜、防风草、芹菜、生菜、香菜、莳萝、欧芹、香叶芹和风轮菜。墓地果园里种着苹果树、梨树、李子树、花楸树、欧楂树、月桂树、栗树、桃树、榛子树和巴旦杏树。药园里种着 16 种药草，包括鼠尾草、百合、玫瑰、芸香、拉维纪草、茴香和薄荷。

从 13 世纪开始，托钵修会的修道院占据了城郊原本种植蔬菜的地方，这些修道院一般都筑有很高的围墙。在法国大革命没收教会财产之前，修道院内一直保留着巨大的园子。旧制度时期，修道院的园子经常被称为“大园子”(grand jardin)，因为修道院的园林面积不仅包括菜园和果园，还包括回廊花园、毗邻医务室的药园，以及用于装饰祭坛的花圃。

宗教机构的账目表上有修士们购买肉、鱼、葡萄酒和香料的记录，却少有水果和蔬菜，因为这些食物很多都是修道院自己生产的。弗勒里（Fleury）本笃会修道院的习惯法（10 世纪）详细规定了园丁的职责：园丁需要给园子松土施肥，在里面种植卷心菜、洋葱、韭葱、萝卜等，为同伴提供食物；需要种植香草，“给饮料或者食物调味”；此外还需要嫁接果树。艾克斯拿撒勒圣母修道院在 1456 到 1457 年的账目上提到他们在 3 月和 10 月

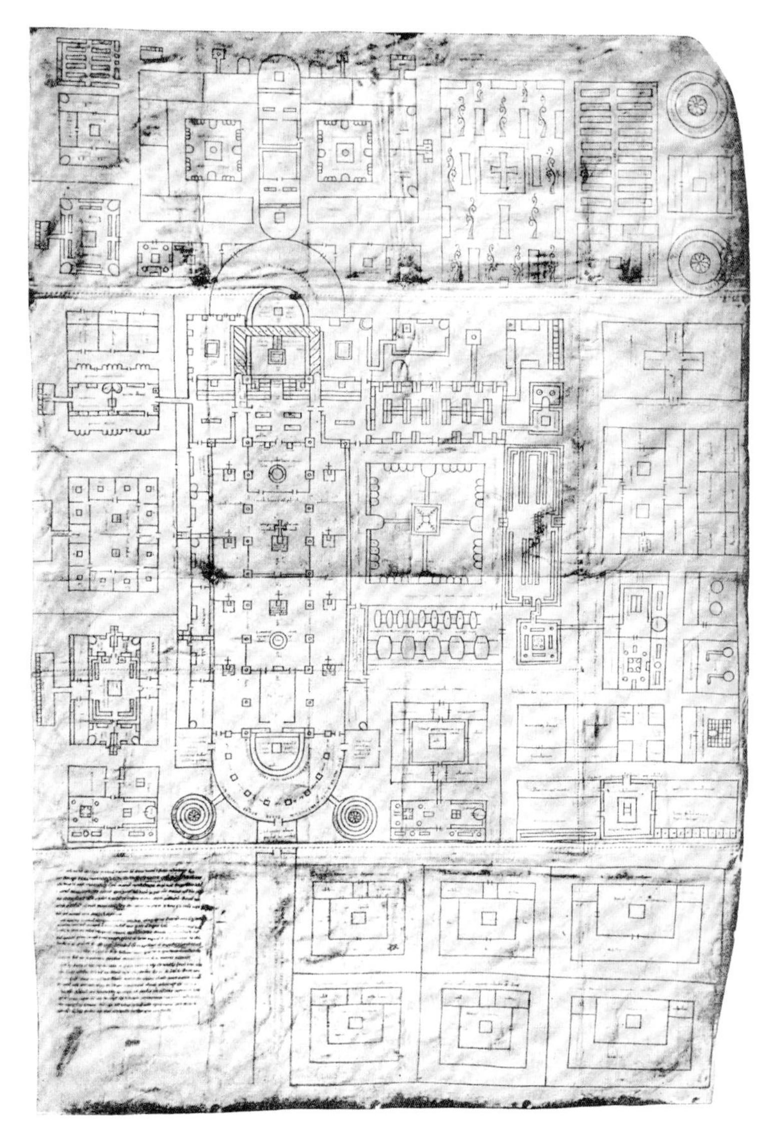

圣加仑修道院的理想布局，约 820 年[1]，现藏于圣加仑修道院图书馆。

园子位于该平面图的上方。菜园位于右侧圆形鸡舍的旁边，总体呈长方形，里面被小路分隔出 18 块菜地。菜园的旁边是墓地，中间有一个十字架，墓地同时也是果园。药园位于平面图左上角，里面有 8 块地，由一个小的长方形围墙围住。图中药园的下方就是医务室。

1　法文原版此处写为“约 1820 年”（vers 1820），有误，中译改为 820 年。

份购买了卷心菜，这说明在中世纪，修士们面临蔬菜在一年不同月份收成不均的问题，有时候收成不够，需要外出购买。1646 年版本的瓦讷于尔絮勒修会（ursulines de Vannes）戒律详细说明了修女园丁（sœur jardinière）的职责，从中同样可以看出菜园在修道院食物供给方面发挥着重要作用，其第三条戒律指出："修女园丁必须确保四季都有蔬菜产出，尽量避免去市场上买菜。"第六条戒律写道："修女园丁要种植鼠尾草、迷迭香、薰衣草、牛膝草、墨角兰，以及厨房和医务室所需的其他蔬菜药材。"博纳丰在 1654 年出版的第二册《乡村乐事》中仔细讨论了根茎类蔬菜和嘉布遣会修士（capucins）间的关系，他也谈到了蔬菜在修道院饮食中占据的重要地位，以及修会在园艺工作上投入的精力。

修会有时会把土地出租出去，然后租户用实物支付租金，比如水果、蔬菜以及家庭养殖业产品等，这些抵押租金的食物也丰富了修道院的餐桌。15 世纪，马赛的圣维克多（Saint-Victor）修道院在其出租合同中详细规定了租户交付蔬菜的时间表。路易十四时期，圣玛丽港的于尔絮勒修会（ursulines de Port-Sainte-Marie）通过出租土地换取了家禽肉、谷物、葡萄酒、胡萝卜、卷心菜、扁豆、四季豆、大蒜、洋葱、梨和葡萄。

种菜的隐士

隐士是苦行主义的践行者，是真正的圣徒，他们以叶子与根为食。当然，他们吃的并不是森林里任何植物的叶子或根，而是叶类蔬菜（比如卷心菜）的叶子，以及根类蔬菜（比如胡萝卜）的根。从埃及最早出现的隐士开始，他们就身兼园丁之职，通过耕种菜园填饱肚子、滋养灵魂。在撰写圣希拉里昂（saint Hilarion）的生平时（约 250—356），圣杰罗姆（saint Jérôme）谈到了隐士圣安东尼（saint Antoine），内容如下：

> 安东尼自己歌唱过、祈祷过、工作过。这些葡萄、这些灌木是他亲手栽种的，这个菜园是他自己开辟的，这个用来浇灌菜园的池塘是他自己花了很大力气挖出来的。这把锹就是他多年来一直挥舞的那把。

雅克·德·沃拉吉纳（Jacques de Voragine，约 1230—1298）所写的《圣徒传》（*La Légende dorée*）讲了一个神奇的故事，圣菲利克斯（saint Félix）建造了一个美丽的菜园，夜里一个小偷被里面的蔬菜吸引，偷偷钻了进去。结果小偷什么都没有偷，却花了一整晚在菜园里面种菜！12 世纪成立的查尔特勒修会（ordre des chartreux）为每个修士都提供配有小菜园的小住所，这也是参照了隐士的理想生活状态所做的安排。

但修士们对于种植菜园的激情有时可能过于强烈了，12 世纪末《欢愉之园》（*Hortus deliciarum*）手抄本中的一幅细密画直白地说明了这一点。这幅画描绘了不同人物在美德阶梯上的攀登过程，从俗人到修士到隐士再到圣人等。然而，对俗世财富的欲望却让他们堕落，最高台阶上的圣人转过身来凝望着他的菜园，结果脚下一绊就摔倒了。为了避免这样的错误，一位名叫保罗的隐士每年都在收获时节前毁掉自己的菜园。公元 4 到 5 世纪的基督教作家苏尔皮基乌斯·塞维鲁斯（Sulpice Sévère）也认为辛劳的园艺工作仅有的益处就是培养有益身心的谦卑感。

中世纪晚期的世俗文学也大量涉及隐士园丁的主题。在《朱弗洛伊的故事》（*Roman de Joufroi*，13 世纪）里，主人公将自己伪装成一个隐士，用锹铲地，种植蔬菜。在《纪尧姆之歌》（*Chanson*

隐士圣菲亚克（Saint Fiacre），马丁·德·沃斯（Martin de Vos），版画，1620年。

在西方文化中，隐士一般都会种菜。在马丁·德·沃斯的这幅版画中，我们能看到一片与世隔绝的密林，一块简朴的菜地和一个小礼拜堂，这些都说明这里是隐士的住处。隐士刚刚收获了根茎类蔬菜和卷心菜。他提着一个柳条篮子，似乎正朝着在菜园入口处的人走去。这些人想从圣人这里获得一些施舍。慷慨大方一直以来都是园丁的优良品德。

de geste le Moniage de Guillaume）中，著名的游侠纪尧姆·德奥兰治（Guillaume d'Orange）做了一段时间隐士。他经营一处园子，园子周围有一圈完整的刺篱和一条沟渠，“园子里种着各种花草树木”，园中的香料植物有细香葱和欧芹，果树有梨树、苹果树和橄榄树，花卉有玫瑰、百合和菖兰，还种着植物鼠尾草和卷心菜。后来当纪尧姆毁掉他的隐居地时，他也拔掉了这些作物，于是园

子里又重新长出了杂草、荆棘、蓟草和带刺的灌木丛，恢复到蛮荒的状态。这也反过来说明，隐士在种植蔬果之前，必须先开垦荒地。

园丁的主保圣人圣菲亚克[1]

在基督教中世纪的众多隐士中，园丁尤为敬重他们的主保圣人圣菲亚克。菲亚克是一位爱尔兰修士，他于7世纪在莫城（Meaux）附近修建了一座修道院，以及一处隐修教士的住所（ermitage）。传说菲亚克请求莫城的主教法隆（Faron）准许自己开垦一个菜园，以便亲自种植蔬菜，为众多涌入修道院看望圣人的朝圣者提供食物。在这里我们发现了菜园的主要功能是提供食物，也看到了园丁身上长期以来慷慨大方的品德。法隆让他在一天之内用自己的双手清除杂木、挖出沟渠。菲亚克在祈祷之后，拄着一根木棍来到树林中间。此时，第一个奇迹出现了，菲亚克的棍子刚接触到地面，大地就裂开了，杂木纷纷倒下，一个巨大的沟渠自己形成了。但是一个叫贝克诺德（Becnaude）的女人目睹了整件事，她跑去警告法隆主教，说菲亚克与魔鬼做了交易。菲亚克坐在一块石头上等待主教到来。此时第二个奇迹出现了，石头竟然变软了，成为舒服的坐垫。法隆主教赶到后，看到了这些奇迹，知道这些奇迹是隐士身上神性的显现。而嫉妒的贝克诺德最后也被发现其实是一个巫婆！这个圣徒传说有真实的历史依据：7世纪时许多爱尔兰修士在高卢活动，他们传播福音，建立修会，同时开垦荒地，种植作物，以维持修士和朝圣者的生计。

1 主保圣人即守护圣人，指为个人、团体或特定职业等在天主前代祷的圣人或圣女。

因为传言圣菲亚克在治疗腹泻方面有神奇的能力（腹泻也被称为“圣菲亚克病”），所以崇拜他的人越来越多。但一直得等到 14 世纪，圣菲亚克才成为园丁们的主保圣人。旧制度时期，圣菲亚克作为园丁主保圣人的身份传播得更广，不过此时他仍旧是为人类与植物治病的神圣治疗师。从 18 世纪开始，园丁们用由牛粪和稻草制成的软膏封住树木的伤口，给树木治病，这种软膏被人们称为圣菲亚克软膏。

基督教图像志把圣菲亚克的木棍换成锹，让他看起来更像是园丁。洛蒂菲尼斯特教堂（église finistérienne de Lothey）的彩绘石膏雕像（18 世纪末到 19 世纪初）把圣菲亚克的一只脚放在铁锹上，让他看起来像是正在菜地里干活，但这种样式的圣菲亚克其实特别罕见。更常见的圣菲亚克雕像一般身着麻布长袍，或年轻无须，或年老蓄须，光着脚，右手放在面前的锹把上。

中世纪时期，隐士与菜园之间关联紧密，这种关联在旧制度的三个世纪中依然很普遍。马丁·德·沃斯在 17 世纪的一幅版画中描绘了圣人圣菲亚克。圣人身着棕色粗呢长袍，光着脚在他的隐居地里收获蔬菜。菜园很简朴，由一圈枯树篱笆和一个简单的木门围住。菜园中间有一条细心耙过的小路，小路两侧有许多方形菜地，上面种着蔬菜，路边还有许多草本植物，可能是香草或者药草。菜地里种的最多的是卷心菜，它是农村菜地里最常见的蔬菜。卷心菜有四种不同的大小，三种处在生长期，一种处于收获期，可能象征着卷心菜生长过程中的四个阶段，即分别对应着春天、夏天、秋天和冬天的卷心菜。前景的柳条篮子里装着收获的蔬果，包括结球的卷心菜、萝卜、防风草、蚕豆和苹果，都是农村菜园里常有的蔬果。耕种的工具很简单，有两把锹，可能象征园丁基督（Christ jardinier），一把用于铲除荆棘与杂草的锄头，也许对应着传说中圣菲亚克开垦荒地的经历，另有一把用于耙地

SAINT FIACRE.
PATRON DES JARDINIERS.

Air : Or, dites-nous, Marie.

Du séjour de la gloire,
Bienheureux, dites-nous,
Après votre victoire,
Quels biens possédez-vous ?
Ces biens sont ineffables :
Le cœur n'a point compris
Quels trésors admirables
Dieu garde à ses amis.
Mais daignez-nous instruire
Du prix de vos vertus :
Dites ce qu'on peut dire
Du bonheur des élus.
Loin du trouble et des larmes,
Voir, aimer le Seigneur,
En jouir sans alarmes,
C'est-là notre bonheur.
Martyrs, dont le courage
Triompha des bourreaux,
Quel est votre partage
Après de si grands maux ?
Tous la couronne en tête
La palme dans les mains,
Nous chantons la conquête
Du Sauveur des humains.
Docteurs, fameux oracles
Interprètes des cieux,
Par quels nouveaux miracles
Dieu frappe-t-il vos yeux ?
Ah ! quel bonheur extrême
D'aller en sûreté
Dans le sein de Dieu même
Puiser la vérité !
Vous, humbles solitaires
Que l'Égypte a produits,
De vos jeûnes austères
Quels sont enfin les fruits ?
Pour tous nos sacrifices
Et nos saintes rigueurs,
Un torrent de délices
Vient inonder nos cœurs.
Vous, épouses fidèles
Du plus fidèle époux ;
Pour des ardeurs si belles,
Quels plaisirs goûtez-vous ?
Épouses fortunées,
Nous pouvons en tout lieu
De roses couronnées,
Suivre l'agneau de Dieu.
Vous qui du riche avare,
Éprouvez les froideurs :
Compagnons du Lazare,
Quelles sont vos douceurs ?
Nous mangeons à la table
Du roi de l'univers :
Le riche impitoyable
Est au fond des enfers.
Et vous, qu'un pain de larmes,
Nourrissoit chaque jour,
Quels sont pour vous les charmes
Du céleste séjour ?
Une main secourable
Daigne essuyer nos pleurs,
Un repos désirable
Succède à nos douleurs.
Mais quelle est la durée
D'un si charmant repos ?
Dieu l'a-t-il mesurée
Sur celle de vos maux ?
Dieu, qui de nos souffrances
Abrégea les momens,
Veut que ses récompenses
Durent dans tous les temps.
Ah ! daignez nous apprendre,
En cet exil cruel :
Quelle route il faut prendre
Pour arriver au ciel.
Si vous voulez nous suivre,
Marchez en combattant ;
Et sans cesser de vivre,
Mourez à chaque instant.
Mais la peine est extrême,
Comment vivre toujours
En guerre avec soi-même ;
Et mourir tous les jours ?
Si la route est fâcheuse
Le trône est plein d'appas :
Une couronne heureuse
Pour de légers combats.

ORAISON.

Seigneur Dieu, faites que nous soyons aidés par les glorieux mérites de ce bienheureux Saint, et que par sa sainte intercession, jouissant de la santé de l'ame et du corps, nous soyons secourus et sauvés par la coopération de votre grâce, par Jésus-Christ Notre Seigneur, Ainsi soit-il.

De la fabrique de GARNIER-ALLABRE, libraire et papetier, à Chartres, place des Halles, n.° 17

CANTIQUE
SUR
SAINT-FIACRE,
PATRON DES JARDINIERS,

Sur l'air : *Avec les jeux dans le Village,*

D'un saint Héros couvert de gloire,
Et comblé de bonheur aux cieux,
Ici dans nos chants de victoire,
Célébrons le triomphe heureux :
Exaltons l'immortel Fiacre,
Qui ne chercha que le Seigneur,
Et méprisa le simulacre
D'un monde vain, toujours trompeur.

2. Son sang illustre sur l'Irlande
Lui donne le droit de régner :
Mais ce que notre orgueil demande,
Son grand cœur sait le dédaigner :
Par une ambition plus sage,
Il ne veut régner que sur soi :
Dompter les fougues du jeune âge,
C'est ce qu'il appelle être roi.

3. Au brillant éclat d'un royaume,
Des bois il préfère l'horreur :
De la grandeur le vain fantôme
N'a point de pouvoir sur son cœur ;
La foi le couvrant de ses armes ;
Du siècle il demeure vainqueur ;
Il foule aux pieds tous ses faux charmes,
Plus à craindre que sa fureur.

4. Si d'une passion flatteuse
Ses sens ressentent la chaleur,
Par sa vertu victorieuse,
Il triomphe de cette ardeur.
Il fuit et sceptre et diadême,
Et richesses, et plaisirs et jeux ;
Il fait plus, il se fuit lui-même :
Par-là s'éteignent tous les feux.

5. Un jardin, dans la solitude,
Grand saint, occupe votre main :
Et votre âme fait son étude
Des œuvres de l'amour divin.
Pour Dieu sans cesse elle soupire,
Et met en lui tout son bonheur ;
Elle eût voulu par le martyre
Souffrir la mort pour son Sauveur.

6. Mais que par des rigueurs austères
Vous suppléez bien aux tourmens !
Que vos mains pour vous seul sévères
Vous tiennent bien lieu de tyrans !
Une pénitence suivie,
De tous vos jours règle le sort ;
Et crucifiant votre vie,
Elle en fait une longue mort.

7. A son tour le Dieu qui vous aime
Récompense votre vertu ;
Ici-bas, de son pouvoir même,
Il veut vous montrer revêtu ;
Pour centuple d'un diadême
Fragile autant que périlleux ;
Sa main libérale et suprême
Vous prépare une place aux cieux.

8. Une puissance souveraine
Eclate en votre obscur réduit ;
A vos ordres cesse la peine,
La mort même à l'instant s'enfuit
Vous parlez : la nature entière
Se montre souple à votre voix ;
Comme un maître, elle vous révère,
Et se plaît à suivre vos lois.

9. De quels traits d'immortelle gloire
Vous brillez au séjour des Saints ;
La palme, prix de la victoire,
Décore vos augustes mains :
A jamais assis sur un trône,
Au sein de la félicité,
Votre front porte une couronne
Egale aux astres en beauté.

10. Saint et généreux Solitaire,
Qui toujours fermâtes les yeux
Aux biens séduisans de la terre,
Pour n'aspirer qu'aux biens des cieux.
A l'heureux séjour de la gloire,
Aidez-nous sans cesse à monter !
Faites-nous gagner la victoire
Qui seule peut le mériter.

《园丁的主保圣人圣菲亚克》(*Saint Fiacre, patron des jardiniers*)，印在直纹纸上的版画，19世纪，巴黎，现藏于欧洲和地中海文化博物馆（musée des Civilisations de l'Europe et de la Méditerranée）。

圣菲亚克作为园丁的主保圣人，其标志是手上的锹。这幅19世纪的版画里除了锹，还画了一个耙子、一个喷壶和一株种在箱子里面的树。它简明扼要地画出了圣菲亚克劳作的状态。耙子手柄下的几块石头尚能让人联想起原来那个爱尔兰修士的传说。

的耙子。除了菜地的简朴，这个地方的与世隔绝也指明是隐士所居。菜地位于密林深处的一片空地上，人迹罕至。透过背景植物间的空隙，我们可以看到远处的教堂以及教堂周围的房屋。栅栏后面的人物把手高举过眼睛，似乎是在暗示他们与圣人在空间以及文化上的距离。最后，在存放工具和农作物的小屋上方立有一个十字架，旁边的小礼拜堂里摆放着圣母和儿童的雕像，旁侧花瓶里放着百合和玫瑰花。

年轻的农民瓦伦丁·贾梅雷－杜瓦尔（Valentin Jamerey-Duval，1695—1775）在法国东部流浪时，遇到了几位隐士园丁。在他的自传里，他描绘了普罗万（Provins）附近的一个小型隐居地。隐居地周围有一圈绿篱，住宅的墙壁上爬满了葡萄藤，果树上结满了水果，树枝都被压弯了。隐士帕雷蒙（Palémon）还向他介绍了菜园和果园的种植技术。

从家庭菜园到市场

无论是在乡村还是在城市，菜园都在整个社会的食物供应方面发挥了重要作用。“光荣三十年”[1]里的经济繁荣和快速城市化可能让人们暂时忘记了菜园在供应食物方面的重要性。但菜园生产的食物其实不仅用于家庭消费，有一部分也会被运送到市场上售卖。在旧制度下，当菜园的目的不限于自给自足，而具有商业性时，就需要进入税务体系，缴纳什一税。尽管今天有关家庭菜园的法律定义坚持认为菜园产品不会引发商业活动，但在很长一段时间内，菜园和家庭养殖业都为各地市场供应着商品。

无论中世纪还是旧制度时期，家庭菜园的产品都不只用于自我消

1 Trente Glorieuses，指第二次世界大战后的快速重建年代。

费和相互赠予。市场里的草药、蔬菜和水果也不只由城市周围以及内部的商业菜园来供应，家庭菜园也供应着一部分。家庭菜园将富余的水果蔬菜销售给农民、贵族阶级以及修道院，各个阶层的购买者都有。在这种情况下，家庭菜园是在销售多余的食物，还是已经转化成商业菜园了呢？

在法国大革命之前，农民会把菜园和自家养殖产品缴纳给地主抵作租金，也会出售这些产品赚钱，用来支付皇家税（impôt royal，这种税从 15 世纪开始逐步征收），或者用来买些高级食材改善自己的伙食，比如“在菠菜里放点黄油”。19 世纪末，法国自然主义小说家爱弥尔·左拉（Émile Zola，1840—1902）在小说《土地》（*La Terre*，1887）中描写了贫困的农村家庭如何靠出售菜园蔬果维持生计。爱弥尔·纪尧曼（Émile Guillaumin）1922 年所写的《佃农的平凡一生》（*La Vie d'un simple, le métayer Tiennon*）中，主人公和妻子维克多（Victoire）组成的年轻家庭也靠贩卖菜园里的蔬菜贴补家用：

> 晚上十点左右回到家后，我又伴着皎洁的月光来菜园里干活。邻居维拉东（Viradon）建议我种点菜（jardinage），因为这个季节波旁城（Bourbon）里外国人很多，蔬菜很好卖，所以我就在菜园里除草（sarcler）、锄地（biner）、浇水（arroser），经常干到半夜。

和旧制度时期的女人一样，维克多每天早上去城里卖自家菜园里种的生菜与四季豆，以及家里奶牛产的牛奶，用来平衡家里的日常收支。作者爱弥尔·纪尧曼深谙农耕文化，他知道“园艺”（jardinage）这个词包含“种菜”的意思，而农民在菜地的工作可以用三个词概括：“除草”“锄地”和“浇水”。

《收割牛膝草》(Récolte de l'hysope)，伊本·布特兰(Ibn Butlân)所写的《健康全书》中的彩色插画，彩色插画约创作于1445—1451年，手抄本现藏于巴黎法国国家图书馆，编号：Latin 9333, fol. 30。

人们既会从野外采摘草药，也会自己在园子里种植草药，另外人们还会把一些香料和蔬菜当成草药使用。水果、蔬菜和草药除了用于家庭自我消费和相互赠予，也会被运到市场上售卖。

17 到 18 世纪的园艺专著清楚地表明，精英和贵族阶层也会出售自己园子里出产的产品。博纳丰在《法国园艺师》（*Le Jardinier françois*，1651）开篇致“优雅女士”的信中就明确指出，打理菜园和果园的好处之一是：“你能够将收获的一部分水果卖给水果商，他们会付你现金，你由此获利。” 博纳丰甚至说他认识“一些有地位的女士通过这种方法赚了钱，因此更喜爱自己的园子，也更愿意花钱打理它了”。随后的 18 世纪，在议会工作的律师路易斯－弗朗索瓦·卡隆（Louis-François Calonne）在《农业论》（*Essais d'agriculture*，1778）中也谈论说，一些水果商人会去巴黎周围的私人果园收购水果。这些商人计算收成，并负责采摘、运输和销售水果。水果商人和园子的主人会在公证人面前签订销售合同，合同规定了交易金额、收购数量以及留给园子主人的水果数量。另外，中世纪领主的园子也会向外出售水果和蔬菜。

教会的园子同样会向市场供应商品。1782 年，诺曼底（Normandie）博尼埃（Bonnière）教区的神父写信给法国神职人员管理者，抱怨说“有教士要求获得在曼特（Mantes）市场上的蔬菜售卖权!”显然，直接负责销售工作的肯定不是教士自己，而是他的仆人或者中介。教会的礼仪条例也把菜园和果园带来的额外收入视为要精心打理这些园子的理由之一。1700 年，神父兼修道院院长克里斯托夫·索瓦贡（Christophe Sauvageon）面对自己果园的高产量，满意之情溢于言表。

因为历史学家手上常常有保存良好的相关账目资料，所以我们往往很清楚修道院菜园向城市供应食品的具体情况。例如，根据雷恩（Rennes）加尔默罗会修女们（carmélites）记录的账目，我们可以准确知晓 1639 至 1666 年间一处城市修道院菜园的生产能力和商业收益。这座修道院为雷恩市供应卷心菜、生菜、杏、洋葱、蚕豆、李子、香梨、樱桃、甜菜、洋蓟、菊苣、榅桲、红莓和芦笋

查尔斯·吉略特（Charles Guillot）所画的路易丝·玛丽（Louise-Marie de France，路易十五的女儿），《菜园里的加尔默罗会修女》（*Les Carmélites au jardin*），布面油画，1770年，现藏于圣但尼（Saint-Denis）的艺术与历史博物馆（musée d'Art et d'Histoire）。

园子是宗教团体生活的一个重要组成部分，因为它既是生产场所，也是休闲场所。在这幅油画中，加尔默罗会的修女们正在打理园子，背景中的两名修女正在摘梨。修女们擅长将园子里生产的蔬果加工成甜食（如果酱、蜜饯等）和利口酒（liqueurs），并以此闻名。

等果蔬。从账目中看出，加尔默罗会修女尤其擅长种植杏子和洋葱。在收成好的年份，修道院靠卖杏能赚到300里弗尔（livres）。这种体量的交易对于修道院的经济周转至关重要。到了18世纪，账目记录修道院靠卖果蔬一年能赚取1500里弗尔，大约占修女们一年总收入的15%。修道院菜园生产的蔬果不仅减少了修女们在饮食上的开支，而且在扣除了生产成本后，仍然为她们赚得800里弗尔的年净收入。

一些修道院会把水果蔬菜加工成果酱或利口酒再出售。18 世纪，列日（Liège）瓦尔－贝诺埃特修道院（abbaye du Val-Benoît）的西都会修女（cisterciennes）在账目上写道，她们会定期购买糖“用于制作果酱”。修女们尤为擅长将果蔬加工成甜食，但当她们把这些甜食拿到市场上出售时，底层民众会心生不满，认为她们这是不正当竞争。1789 年，甘冈（Guingamp）地区呈上来的一份陈情书批评当地修女们变成了“园丁、甜食商和利口酒制造商！”

普通的菜园是创造奇迹的地方

园丁被称为大地的金匠：因为园丁胜过普通的农夫，就像金匠胜过一般的铁匠一样。

奥利维尔·德·塞雷斯（Olivier de Serres），

《农业剧场》（*Théâtre d'agriculture*，1600）

1953 年，法国历史学家让·默夫雷（Jean Meuvret）将简陋的菜园描述为“一处做实验的地方，一处创造奇迹的地方”。菜园是古老、日常和平凡的。然而，在菜园的悠久历史中，对植物的驯化、选择性培育以及围绕植物所做的实验才是菜园的首要特征。体现现代种植技术的，不仅是精英和贵族阶层的园子，也包括普通的菜园。历史学家马克·布洛赫（Marc Bloch）在 20 世纪 30 年代就已经指出，菜园是新事物诞生的地方。在《法国农村的原始特征》（*Caractères originaux de la France rurale*）一书中，布洛赫认为，一部分现代创新实际上是对过去菜园里的实验成果的挪用。比如，现在露天种植的很多蔬菜最早是在菜园里培育出来的，就像果树的嫁接和修剪技术也首先出现在果园。

一个封闭的场所

1777 年 12 月，巴黎一位领主的法警请求一名葡萄种植者察看领主出租的土地上出现的损坏情况。葡萄种植专家站在一块本该是菜园的土地前，惊讶之情溢于言表：“按照合同，房屋后的 15 块土地都应该是菜园，但现在这些地块的周围既没有围墙，也没有篱

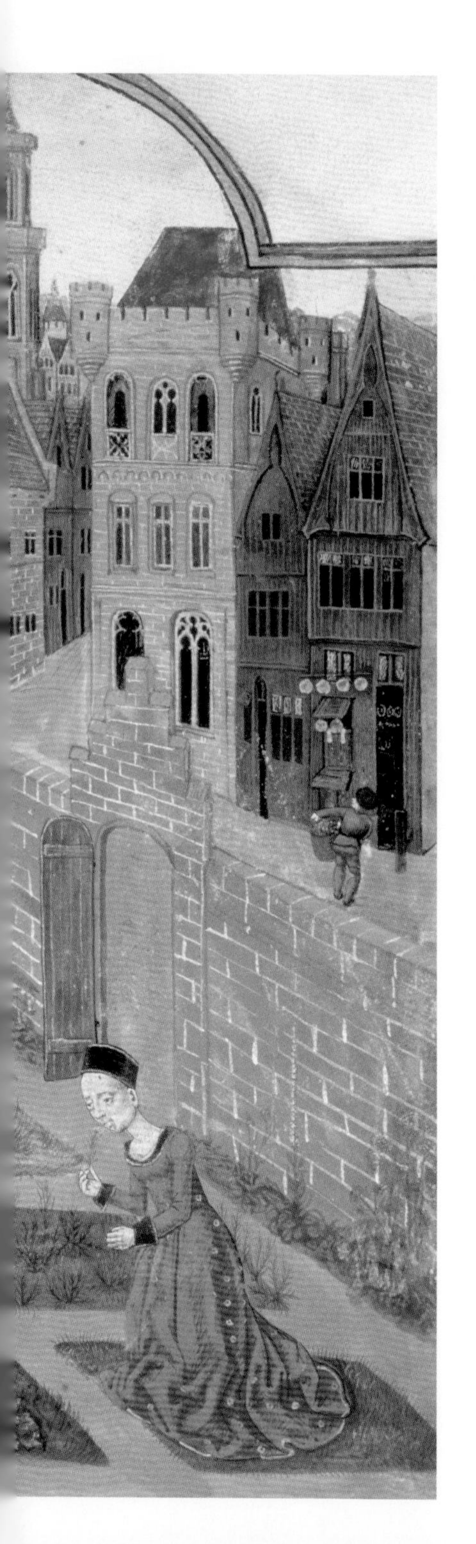

《园艺工作》，彼得罗·克雷森兹（Pietro de' Crescenzi）所著《乡村福利簿》（15 世纪末）中的一幅彩色插画，现藏于伦敦大英图书馆，编号：Ms. Add. 19720, fol. 165。

笆”！这位专家之所以会惊讶，是因为园子（jardin）从定义上来说就应该是封闭的。从词源上看也同样如此：jardin 在拉丁语中的词源是 hortus，意思是“围墙”，在法兰克语（francique）中的词源是 gart 或 gardo，意思是“栅栏”。这两个词在中世纪的高卢罗曼语（gallo-roman）中组合成 hortus gardinus 一词，这个词与印欧语中的 ghorto 相关，意思是“被围起来的场地”。同样的，中世纪用来指称农舍旁菜园的术语是 courtil，在词源上也派生自“封闭的庭院”（cour）一词。

菜园从定义上来说就是封闭的，圣经里的园子如此，西方文学中的第一个园子阿尔基诺斯园也同样如此，《奥德赛》第七卷这样描绘阿尔基诺斯园：“一个四英亩的完全由围墙圈起来的大园子。”中世纪的图像志也用栅栏来指园子，比如 15 世纪初期《让·德·贝里的绚烂时光》（*les Très riches heures de Jean de Berry*）一书的插画中，画家就在农家菜园的周围画上了一圈绿篱。当考古学家挖掘中世纪或者现代的菜园遗址时，栅栏、边界处的沟渠以及邻近住宅的矮墙（在盛产石头的地方，这种矮墙更常见）都是重要的指示性线索。

人们会用绿篱、枯树篱笆以及围墙等各种类型的围栏把菜园围起来，有时候还会再挖一道沟渠。具体用篱笆还是围墙，得看主人是否想展示菜园内部的情况，它们既有带刺的枝条，又不像荆棘那样肆意生长。

绿篱的功能不仅仅是将园子围起来，它们也在家庭经济中发挥作用。在嫁接欧洲甜樱桃和野生苹果树时，绿篱可以作为砧木[1]。定期修剪绿篱收集来的枝条也可以用来烧火取暖或者做饭。有些带刺植物，比如黑刺李树，还能结出可以吃的浆果，而构成绿篱框

1 porte-greffe，砧木，指嫁接繁殖时承受接穗的植株。

架的果树显然更能生产水果。

绿篱里的植物在不断生长，所以需要定期维护（如果种了荆棘就更要注意维护）。如果绿篱当中出现了空隙，还需要用荆条或者树枝把缝仔细修补好，许多租约和警察条例都提醒人们注意这一点，因为在法国大革命之前，小偷经常从绿篱的洞中钻进去偷东西。绿篱维护成本低、产出高，但它也有一些劣势：比如很占空间，导致下面的土地不能耕种，且其中可能藏着对菜园作物有害的昆虫、鸟类和小型啮齿动物。

枯树篱笆是用砍下来的树枝绕着木桩交叉编织而成的。中世纪菜园的栅栏就属于枯树篱笆。《列那狐的故事》(*Roman de Renart*)[1]中，康斯坦·德·诺埃（Constant des Noues）先生的园子也是用枯树篱笆围起来的。这个园子四周插满了橡树木桩，木桩上缠绕着黑刺李树和山楂树的枝条，这些枝条很有用，虽然它们是枯木，但带刺、很坚硬、能抵御入侵者。中世纪细密画中，城市和乡村菜园周围常常画着枯树篱笆。考古学家们对于13世纪以来枯树篱笆的制作工艺十分清楚：人们首先把小木桩插在土里，然后将柔软的枝条水平交叉地顺着木桩编织起来。至于枯树篱笆的精致程度，则要看园子主人的社会地位。

园子周围是否会建围墙，取决于当地是否有可用的材料，比如石膏和石料（石料尤为重要），以及园子主人的经济水平。和绿篱以及枯树篱笆不同的是，用石块或砖块砌成的围墙可以彰显主人的名望以及社会地位。围墙占据的空间比绿篱小，而且能为弱小的作物提供更好的庇护；另一方面，围墙的建造成本更高，也不能像绿篱那样给家庭带来收益。路易十三（1610—1643）统治时期，精英阶层痴迷于贴墙种植果树，因此都为自家园子建造了围墙。

---

1 Le Roman de Renart，中世纪法国民间长篇故事诗。

彼得罗·克雷森兹（Pietro de' Crescenzi）《乡村福利簿》15 世纪末期版本中的一张彩色插画，现藏于伦敦大英博物馆，编号：Ms. Add. 19720。这幅画里的围墙，以及前述绿篱和枯树篱笆，都界定了园子的范围，圈出了一片独立的空间。这些围栏将园子内部的特殊空间、野生环境和集体空间分割开来，创造了一处宁静的港湾，各种各样的作物在里面肆意生长，比如这幅中世纪彩色插画中的鲜花与绿树。

围栏的重要性

无论是绿篱、枯树篱笆还是围墙，它们都把菜园圈起来，或多或少地保护里面的作物免受野生动物和家畜家禽的破坏，例如猪、牛、绵羊、山羊等。朗格多克地区（languedocien）有一个谚语，用来说明坏榜样的恶劣影响，谚语是这样说的："当一只成年山羊跳进菜园里时，如果一个山羊羔也跟着跳进去了，这就不能算是它的错。"所以菜园要有围栏，以防山羊跳进去。围栏同样能防止农作物被盗。夏天的夜晚，人们还会把狗散放在菜园里保护农作物。在法国大革命之前，人们时常狩猎，围栏也能防止外面的狩猎活动给菜园造成损害。最重要的是，围栏将园子与集体空间以及公共空间区隔开来，园子里面的人可以自由选择自己的种植方式，同时园子里的收成免于缴纳什一税。围栏划定了园子的界限，也增强了人们对于园子的所有权意识。

篱笆与围墙都能挡风，为作物创造一个更加适宜的生长环境。围墙还能积累阳光的能量，形成一个更加温暖的小气候。靠着围墙或栅栏，人们搭起供麝香葡萄和白葡萄生长的葡萄架。从 17 世纪开始，贴墙种植的果树也会靠着围墙生长，围墙为这些植物的生长提供了支撑。同时，墙脚区域也适合种植时鲜蔬菜和植物幼苗，幼苗在这个地方安全长大后会被移栽到菜园其他地方去。

最后，从象征的角度来看，围栏标志着野蛮和文明之间的区隔，以及外部世界和家庭之间的区分。正如人类学家克洛德·列维－斯特劳斯（Claude Lévi-Strauss）所强调的，这一区分并非毫无意义，它凸显了菜园和果园里生产的蔬菜、水果和草药的独特性。和野外采摘的植物不同的是，菜园里生产的这些食物不仅值得我们品尝，也能引发我们的思考。

把菜园当成花园精心呵护

园子始终是一个手工改造的完全非自然的场所。在栽培、播种、移植、培土、除草、浇水和收获等环节之前，园丁还需要开垦荒地、拔除野草、深耕土地、清理石头、挖除树根、平整地面和改良土壤等。这就是为什么在西方文化中开垦荒地的隐士经常也是园丁。法国哲学家阿兰（Alain，1868—1951）在他的《散论》（*Propos*）中也提到了园丁与自然之间关系的暧昧性："当园丁想修建一个园子时，他必须先拔掉野草、野生的黑刺李树以及杂乱的荆棘丛；他要赶走鸟儿，深耕土地，找寻树根并挖出来，然后扔进火堆里。"（1908 年 2 月 28 日）

园丁不知疲倦地与自然抗争，与蔓延的杂草打着持久战。正如中世纪一句法国俗语所说："杂草会肆意生长。"他们寻求各种方法应对气候异常，比如寒冷、霜冻、干旱等。他们试图弥补土地的种种缺陷，解决积水、缺水以及土壤贫瘠化的问题。他们还要与田鼠、鼹鼠、兔子、鸟类和昆虫斗争。在出现除草剂、杀真菌剂和化学杀虫剂的现代社会之前，这场战斗几乎占据了园丁们每天的日程。为了把杂草全部清除，园丁需要不断地锄地。为了清除昆虫和有害的啮齿动物，他们则需要直接用手抓，或者用甜食诱捕它们。

园丁无微不至地照顾菜园，人们因此夸赞他们"把菜园当成花园一般精心呵护"。山区农民的女儿、教师埃米莉·卡莱斯（Émilie Carles）在 1981 年出版的回忆集《一碗野草汤》（*Une soupe aux herbes sauvages*）中很好地解释了这一说法：

> 1924 年，住在皮伊圣万桑（Puy-Saint-Vincent）的农民们生活非常贫苦。他们几乎没有可以耕种的土地，所以把仅有的一处田地"当成花园一样"仔细打理，照顾得无微不至。他们把这片

小彼得·勃鲁盖尔（Pieter Brueghel le Jeune），《春季》（*Printemps*），木版油画，1622至1635年，现藏于布加勒斯特（Bucarest）国家美术馆。这幅画的名字其实也可以叫做《把菜园当成花园一般精心呵护》（*cultivé comme un jardin*）。春天万物复苏，正是干各种农活的好季节，画中的人们正在挖土、耙地、栽培、修剪、施肥。男人女人都在菜地里干活，但他们所使用的工具以及所干的活都有所区别，女性主要在移栽作物，而男性主要在挖土和修理棚架。

土地当成松露田一般悉心照料，把土豆种得很密，像种花一样仔细呵护它们。对他们来说，每一厘米土地都至关重要。

16 和 17 世纪的农学文献将菜园当成优质农业的典范，菜园（jardin）这个词就代表着肥沃和丰饶。

浇水施肥

没有任何别的地方像菜园土地一样，经过如此程度的人工化处理。菜园土壤需要人们定期修整、施肥、翻土和通气。考古学家在推断中世纪遗址中是否有菜园时，除了看是否有围栏，以及与住宅的邻近程度外，主要还要看是否存在包含有机肥料和炉灰的适合耕种的土壤层。

人们用来自动植物甚至是人类的有机肥料给菜园施肥。生活垃圾和炉灰等有机废料在菜园里得到了循环利用。住宅与菜园之间因此产生紧密的有机联系：住宅为菜园提供肥料，而菜园为住宅提供食品。这种有机联系进一步加强了菜园和家庭间的关联。菜园旁边常常建着多少有些简陋的茅厕。

17 世纪到 18 世纪的园艺专著略带害羞地谈到了人粪粉（poudrette），这是一种用人类粪便做成的有机肥料。爱弥尔·左拉在小说《土地》（1877）中则大方地谈到了在菜地中施用人类排泄物，然后约尼奥（P. Joigneaux）也曾在 1879 年《教育杂志》（*Revue pédagogique*）的一篇文章中，建议教师们用“人类粪便”给自己的菜园施肥。另外，中世纪和现代菜园也受益于城市淤泥做成的肥料，这些淤泥是用从城市街道上收集的秸秆、马粪和生活垃圾做成的。

塞巴斯蒂安·韦凯科斯（Sebastian Vrancx），《工作中的园丁》（*Jardiniers au travail*），布面油画，1620年，伦敦，苏富比拍卖行（Sotheby's），1994年10月26日第9号拍卖品。人们通过翻土、施肥不断改善菜园土壤。在这幅油画的前景中，一名园丁用脚使劲踩铁锹，给菜地翻土。旁边有一把锄头，上面的金属片很显眼。人们用锄头挖除树根、石块，或者敲碎特别硬的土壤。画中还有一名妇女推着装满粪便的木制手推车，车里还插着一把长柄叉，人们用长柄叉把粪便撒到地里。

施肥浇水确保了菜园蔬菜产量可观、品质上好。在现代化学肥料发明之前，野外不加打理的土地不可能有类似菜园的产量，所产蔬菜的品质也不可能比得过菜园。

菜地往往建在方便灌溉的地方。中世纪城镇菜园经常建在靠近河道的地方，或者有可能被洪水淹没的地方，比如巴黎的沼泽地，这些地方很空旷，没有人居住，因为很难在这些地方盖房子，但是这里的水源又很充足。也是出于对水源的考虑，中世纪和现代法国菜园也常常和水磨（moulin à eau）建在一块。总之，菜园永远会靠近一处水源，无论水源是池塘、井、泉水还是河流。20世纪，园丁为了获得足够的水分灌溉植物，还会用固定在小屋上的铁质或塑料容器收集雨水。

14 世纪末《巴黎家政》一书第一条有关园艺的建议就是讨论灌溉的。作者建议在早上或者晚上浇水，而不要在阳光直射的时候灌溉，并且注意只能对着植物的根部浇水，不要浇到它们的叶子上。旧制度时期的园艺专著也强调水的重要性。让－巴蒂斯特·德·拉·昆提涅（Jean-Baptiste de La Quintinie，1626—1688）[1]建议，在评判一位园丁是否优秀时，可以让他用铁锹翻土，看看他体力如何，也可以让他提着浇水壶浇水，在干燥的春天和夏天，浇水是园丁每日必须完成的工作，也特别累人。园丁也需要经常除草，它能大幅度提高浇水的效率：除草除了能减少杂草与作物间的营养竞争，还能打破土壤的表面板结，给土壤通气，防止雨水或浇灌的水在植物根部滞留。这些工作需要耗费大量的时间，显然只有在菜园里人们才有可能完成这些事。

画家路易斯－埃米尔·阿丹（Louis-Émile Adan，1839—1937）在 1890 年一幅名为《女园丁》（*La Jardinière*）的画作中描绘了园丁每日给菜园浇水的辛苦工作。画中农妇眼神迷茫地凝视着前方，她双手各提着一个锌制浇水壶，朝着一个木桶走去，桶前放着第三个浇水壶。定期适量浇水能让蔬菜长得更加鲜嫩饱满。比如种刺菜蓟时，如果夏天生长的时候不给它浇水，吃起来就会又硬又苦。即使是野生的萝卜，只要经常浇水，成熟后立刻采摘，吃起来也会柔嫩而少有辛辣感。

1　昆提涅是路易十四时期法国皇家园艺师。

工具是手的延伸

菜园是一个创造奇迹的地方，但它的与众不同更多归功于园丁每日在这里的辛勤劳作，而不是因为园丁所使用的工具有多么神奇。作为手的延伸，园丁的工具一直比较简陋，总体看来，中世纪以来这些工具的形式和用法几乎没有什么变化。几个世纪以来最明显的进步可能就是伴随钢铁行业的发展，许多工具逐渐从木质变成铁质的了。中世纪的锹几乎都是用木头做成的，只有刃的部分用铁加固了，为了让它更坚固、更锋利。这些铁需要定期翻新，修道院的账目上记录了更换这些三角形、方形或椭圆形铁片的成本。当铁稀少的时候，人们会把铁的边角淬一下火，提高其硬度。中世纪的耙子全是木制的，因此没有办法保存到现在。

中世纪图像志总是用相同的工具来表示园艺。首先最重要的工具肯定是锹，它是园丁基督以及园丁的主保圣人圣菲亚克的标志。中世纪最后几百年的月历中，三月份的插画常常画着园艺场景，尤其是人们修剪葡萄树的景象。画中所描绘的蔬菜可能很难辨认，但里面的工具却很好认，包括锹、小截枝刀（serpette）、耙子以及锄头，有时还会有由人推着的单轮双柄手推车。在许多 16 到 18 世纪人们的遗产清单，以及乡村司法案件中，我们都能看到这些工具。在司法案件中，人们用这些工具攻击别人，或者自我防卫。这些现象说明这些园艺工具遍布于乡村人们日常生活的各个角落，和他们保持着紧密的关联。在 18 世纪萨布莱侯爵（marquisat de Sablé）所记录的司法案件里，我们看到了长柄钩镰（vouges）、双齿锄（tranches）、铁锹、铁齿耙、叉子等农具。

人们用铁锹翻土、施肥，挖出种菜的坑。铁锹可以彻底地把土翻过来，把杂草埋到地下。相比于锄头，它能把更深处的土翻到地面上来，具体多深则取决于铁锹铁片的长度。锄头主要用来开垦

路易斯－埃米尔·阿丹,《女园丁》(*La Jardinière*)，布面油画，1890 年，现藏于牟罗兹（Mulhouse）美术馆。

在干燥的春夏时节，浇水就真成了一件苦差事。但只有完成这项辛苦的工作，园丁才能收获应季的、鲜嫩饱满的水果蔬菜。种菜无论如何都离不开水，因此菜园也常常配有用来收集雨水的水井、蓄水池和木桶。

土地，敲碎比较硬的土块，方便后续挖出种菜的坑。仔细操作的话，锄头也可以用来锄草。其实锄头就是连接在木柄的铁刀上；这把铁刀可以是大块的方形或三角形，也可以是分叉的，有两个齿。与铁锹相比，锄头的形状更加多样。

截枝刀或者完全是铁质的，或者柄的部分是木质的。直到19世纪它依然是种菜或者种葡萄时必不可少的工具。截枝刀的形状在古代就已经确定下来。人们用它修剪绿篱、藤蔓和小树，截取园艺工作所需的柳条。人们用这些柳条捆绑棚架、果树，制作篮子和背篓。人们会搭配使用截枝刀与普通的刀，嫁接果树，收获蔬菜、香草和药草。18世纪末发明的整枝剪（sécateur）在19世纪逐渐取代了截枝刀，不过一些农民觉得新的整枝剪不如旧的截枝刀剪得干净，所以对于更换工具还有些迟疑。

16世纪带有把手和莲蓬头的浇水壶逐渐取代了之前园丁用的

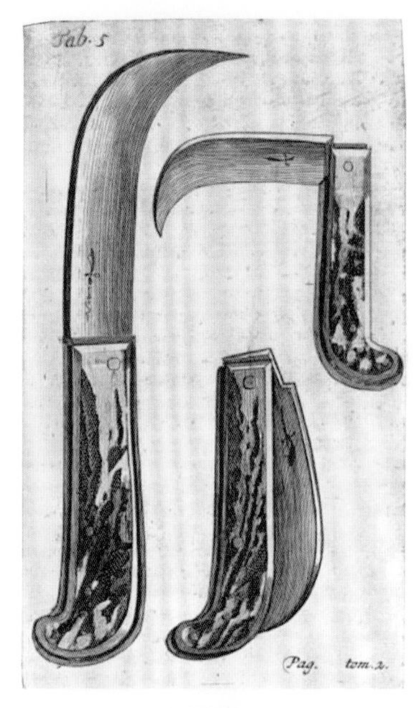

用于修剪树木的刀。

插图选自《果蔬种植指南，附一篇关于橙树的论文，以及对于农业的思考》（*Instruction pour les jardins fruitiers et potagers: avec un traité des orangers, et des réfléxions sur l'agriculture*），昆提涅1690年，1756年由联合书商公司（la Compagnie des libraires associés）在巴黎出版。

园艺专著建议园丁用专门的嫁接刀来修剪和嫁接树木。但实际上，农民并不会用特定的工具来完成特定的工作，他们会用随身携带的刀完成各种工作，包括嫁接树木、切割柳条、收获蔬菜、整理树木等。

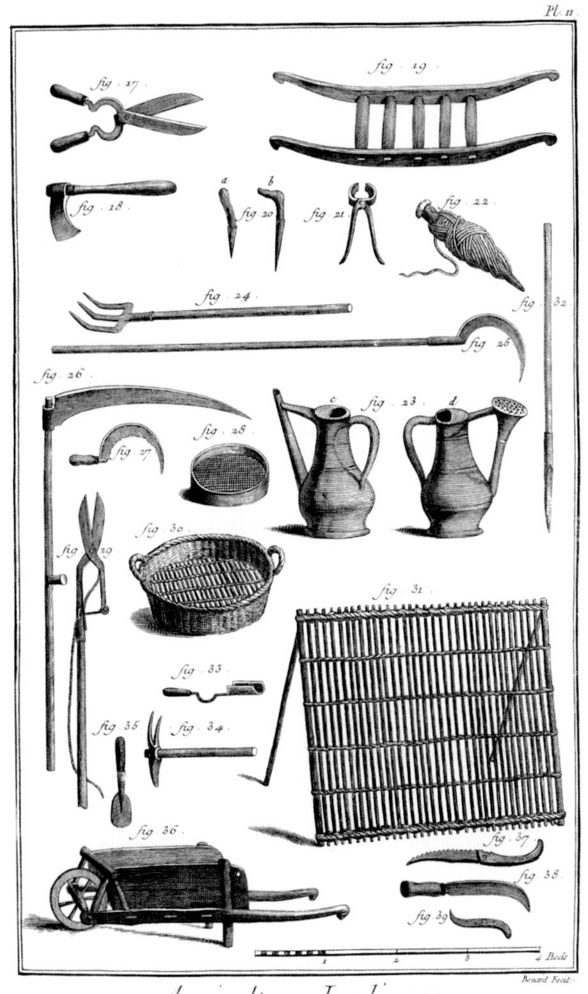

《农业与园艺》,（Agriculture jardinage）狄德罗和达朗贝尔编纂的《百科全书》（*l'Encyclopédie de Diderot et d'Alember*, 1751—1772 年）中的插图 II

图 17 剪刀　图 18 斧子　图 19 担架　图 20 a，b：播种时挖洞用的小手铲

图 21 钳子　图 22 墨线　图 23 浇水壶。c：细颈浇水壶，d：带莲蓬头的浇水壶

图 24 长柄叉　图 25 钩形刀　图 26 长柄大镰刀　图 27 镰刀　图 28 筛子

图 29 高枝剪　图 30 柳条筛　图 31 栅栏　图 32 划线器　图 33 挖秧苗用的小铲

图 34 二头锄　图 35 另外一种挖秧苗用的小铲　图 36 手推车　图 37 手锯

图 38 砍柴刀　图 39 截枝刀

喷壶，原来的这种喷壶叫做 chantepleure，这是一种底部有很多小孔的陶壶，当时人们把它浸到水中，装满水后再给植物浇水。如今的 chantepleure 指的是一种柄又长又细的喷水壶。当然无论是哪种情况，浇水都离不开装水的木桶。

从工具的角度看，技术的进步主要体现在铁器的应用上。在拖拉机发明之前，19 世纪到 20 世纪的机械化发展并没有太多惠及园艺工作，人们主要还是依赖这些基本的工具干农活，这些工具只是手的简单延伸，所以人们与菜园依然保持着密切的身体接触。园艺工作甚至不用任何工具就能完成，比如播种、疏剪新长的蔬菜水果、消灭昆虫、采摘蔬菜和收获水果等。

从野生蓟到洋蓟

园艺工作长期以来的进步不只体现在工具的发展上，也体现在对植物的选择以及对于气候条件的征服上。从最早的菜园开始，人们就在菜园里驯化本地野生植物，后来又开始驯化外来植物。在中世纪，大量野生本土植物就陆续被驯化成菜园里的作物，比如草莓、覆盆子、红醋栗以及各种药用植物。842 年至 849 年间，康斯坦茨湖（lac de Constance）畔的赖谢瑙（Reichenau）修道院院长瓦拉赫弗里德·斯特拉邦（Walahfrid Strabon，808—849）用拉丁语写了一首诗《小菜园》(*Hortulus*)，其中就提到了对水苏(bétoine)的驯化，水苏是修道院周围树林中一种常见的药用催泻植物：

> 虽然在山上、森林里、草地中、河谷底，几乎到处都长满了珍贵的水苏，但是我们的菜园里同样种着水苏，而且我们让它们在菜地上生长得更好。

《味道》(五感)(*Le Goût) (*Les Cinq Sens)，亚伯拉罕·博斯(Abraham Bosse)的版画，约1638年，巴黎，法国国家图书馆，版画展室。画面中，桌子中央的炉子上有一颗很大的洋蓟头，这种洋蓟最初是一种来自地中海沿岸的野生蓟，经过菜园里几个世纪的人工选择才变成后来这个样子。这幅17世纪寓言版画的主题是“味道”，仆人所拿的一片甜瓜也表达了这个主题。人们在苗床(couche)上种植这些甜瓜，所以即使在卢瓦尔河(Loire)以北，甜瓜也能够成熟，满足旧制度时期特别喜欢这种水果的精英们的口腹之欲。

1376年，勃艮第(Bourgogne)的女公爵玛格丽特·德·弗兰德(Marguerite de Flandre)派遣四名侍女进入森林中挖取草莓苗，为期60天，用来替换她在鲁夫雷(Rouvres)城堡菜园里种的卷心菜和芥菜。同年，她还在阿尔吉利(Argilly)森林里挖了两车覆盆子，准备把它们移植到自己的菜园里。

人工栽培植物时，人们会主动改良土壤、定期浇水、抵御恶劣天气、拔除杂草、帮助植物播种繁殖，这种菜园里的人工栽培必然会导致野生植物及其后代的性状发生变化；用瓦拉弗里德·斯特拉波的话说，这些植物“学会在耕地中自我改良”。然而这种人工选择也有代价：这些被驯化改造的植物在没有人工干预的情况下就会无法生存。

刺菜蓟和洋蓟的祖先都是地中海周围的一种野生蓟。在人工选择的过程中，一类人工选择看重蓟的叶子，最终培育出刺菜蓟，另一类看重它的花蕾，最终培育出洋蓟。从古代开始，菜园种植就给人们提供了驯化以及人工选择蓟菜的机会，一些人特意挑茎秆上面刺少，同时叶片肉质肥厚的种类繁殖，这样就培育出了刺菜蓟。至于洋蓟，它的出现源于人们对蓟花的关注，特别是在阿拉伯－穆斯林的安达卢西亚菜园（les jardins arabo-musulmans andalous）里，从 12 世纪开始就有培育蓟花的记录。1400 年左右，西西里岛的菜园（les potagers siciliens）里也开始培植洋蓟。接着到了 15 世纪，洋蓟来到意大利北部，在这里得到了广泛种植。在接下来的一个世纪里，洋蓟出现在法国。1530 年代，阿维尼翁（Avignon）和卡瓦永（Cavaillon）附近的餐桌上出现了洋蓟。1580 年左右，朗格多克地区的菜园里也出现了洋蓟的身影。再接下来的一个世纪里，洋蓟就已经遍及法国所有省份。在人工培育的过程中，园丁不断挑选出那些肉质最为肥厚、味道最为鲜美、刺最少的洋蓟头。通过人工繁殖技术我们培育出新的蓟菜品种，但在观察洋蓟基部的吸芽（œilletons）时，我们依然能观察到其祖先的特征。

驯化新植物

西方菜园除了驯化本地的野生植物外，还从更远的地方引进种子、幼苗和果树。中世纪的西方菜园从伊比利亚半岛（la péninsule ibérique）的阿拉伯－穆斯林菜园里引进了不少作物，这些阿拉伯－穆斯林菜园是非洲植物（如西瓜）与亚洲植物（如龙蒿、菠菜和茄子）

《采摘黄瓜》(*La récolte des concombres*)，伊本·布特兰(Ibn Butlân)所著《健康全书》中的彩色插画，彩色插画约创作于1445—1451年，手抄本现藏于巴黎法国国家图书馆，编号：Latin 9333, fol. 20 v°。

黄瓜属于葫芦科，它长着长长的藤蔓，顺着地面或者棚架攀爬，这幅中世纪的彩色插画就把黄瓜的这一特征表现出来了。黄瓜原产于亚洲，从古希腊古罗马时期开始就在西方栽培。它是一种异化授粉的植物，主要授粉媒介为昆虫，因此适合杂交，这给了园丁在菜园里通过人工选择培育黄瓜新品种的机会。

传播的中转站。10 世纪茄子出现在西班牙，随后 15 世纪它又出现在法国南部，但因为茄子常用来做犹太教菜肴，所以在西方世界并没有得到广泛传播。与此不同的是，菠菜更轻易地被西方人的餐桌接受了，对西方饮食的影响也更加持久。11 世纪菠菜的身影出现在西班牙，随后的一个世纪它传播到了法国，考古团队在法国蒙泰卢（Montaillou）发掘出了 12 世纪末到 13 世纪初的菠菜种子。很快地，菠菜就取代了菜园里原本的滨藜（arroche）。阿拉伯－穆斯林菜园里的园艺技术，特别是高超的灌溉技巧，优化了那些从古代就开始在这里种植的作物，比如黄瓜和甜瓜，同时也创造了新的作物品种，比如花椰菜。花椰菜最初可能起源于地中海东部地区（叙利亚），12 世纪初它最先出现在西班牙。

翻阅贵族阶级的账本，我们发现在中世纪末期，人们就开始买卖种子和植物幼苗。比如 14 世纪 70 年代，勃艮第公爵夫人购买了蚕豆、豌豆、芥菜和紫甘蓝的种子，以及韭葱和洋葱的幼苗。阿拉斯（Arras）的主教蒂埃里·德·希雷松（Thierry de Hireçon）在 14 世纪 20 年代也将购自布洛涅（Boulogne）的桑葚和覆盆子树、购自巴黎和爱司丹（Hesdin）的莴苣以及菠菜种在自家的菜园里进行适应性驯化。另外，园艺爱好者之间非商业性的交换也促进了蔬菜植物的流通。例如，弗朗索瓦·拉伯雷（François Rabelais）就从罗马给他的保护人杰弗罗伊·德埃斯蒂萨克（Geoffroy d'Estissac）寄来了一些生菜种子，并随信写道："这是圣父在他的贝尔维德（Belveder）私人菜园里种的生菜。"（1536 年 2 月的信）不过到 18 世纪，特别是随着维尔莫兰－安德里厄公司（la maison Vilmorin-Andrieux）的成立，作物种子的贸易才真正起步。

在中世纪，法国引进和驯化外来作物的主轴方向是自南向北，具体来说有两条传播路线。一条连接西班牙和法国西南区域，另一条从西班牙连接到西西里（Sicile），然后沿着意大利自南向北到达法国普罗旺斯地区（Provence）。16 到 17 世纪西班牙对美洲的殖民剥削强化了这一传播主轴方向。历史学家埃马纽埃尔·勒鲁瓦·拉迪里（Emmanuel Le Roy Ladurie）甚至谈到了这一轴线上的几个重要中转站，包括地中海沿岸区域、沃奈桑伯爵领地（le Comtat venaissin）、都兰地区（Touraine），以及法兰西岛（l'Île-de-France）。

驯化来自美洲的作物

来自美洲的新作物经由西班牙到达西方，在菜园里经受一系列适应性驯化。这些来自"新世界"的植物一下轮船，就被立刻移植到菜园里。它们被视为奇珍异宝，在买卖过程中也被当成宝贝，因此一般都被栽种在教会、王公贵族的菜园以及专门的植物园里。16 世纪中叶，佛兰德的自然学家伦伯特·多多恩斯（Rembert Dodoens，1517—1585）写道，15 世纪末传入欧洲的玉米"被草药学家种植在自己的菜园里，期望在菜园里培育出新的玉米品种"。

有些新植物一开始并没有被当成作物，而是被当成观赏性植物种植的。辣椒就是这种情况，它于 1493 年被引入欧洲，在法国被称为"花园里的珊瑚"。西红柿也是如此，它于 16 世纪上半叶到达欧洲，它的果实被称为"金苹果"和"爱情之果"，人们出于对其花朵和奇特果实的喜爱而将它种植在棚架上。有一种理论说上帝会在自然界的各种事物中放入线索以指引人类，根据这种理论，西红柿的刺激性气味就暗示它含毒。1600 年，奥利维尔·德·塞雷斯就指出，西红柿的果实不适合食用，其价值主要在于观赏，它们：

> 牢牢地抓住支撑物，尽情地在小屋和凉亭上面攀爬生长。它们

的叶子形态丰富，枝叶繁密之处让人赏心悦目。而且西红柿那美丽的果实挂在枝丫间，姿态十分优雅。

《辣椒》，(*Piments*)《植物典籍》(*Codex amphibiorum*) 中的水彩画，1540 年

人们曾经称辣椒为“花园里的珊瑚”，对这种来自美洲的植物充满好奇。这幅插图清楚地描绘了辣椒的根系、叶子以及处于不同生长阶段的果实，这说明当时人们在很短时间内就熟悉了这些来自“新世界”的植物。在将这些外来植物本土化的过程中，菜园发挥了至关重要的作用。

1760 年，巴黎种子商人安德里厄－维尔莫兰（Andrieux-Vilmorin）依然把西红柿列为观赏性植物。直到 1778 年，西红柿才被认定为一种蔬菜。18 世纪，它才在法国南部作为蔬菜被种植。19 世纪，它才在卢瓦尔河（la Loire）以北区域被广泛种植。而今天，几乎所有菜园都会搭起支架，种上一些西红柿。

同化外来植物

在菜园里，人们观察、研究并驯化这些外来的新植物。园丁钻研这些植物的耕种周期，以及它们对于当地气候与土壤条件的适应能力。家庭菜园为人们提供了熟悉这些植物的机会，人们可以在菜园里培育它们，将它们欧洲化。这些新植物最终要成为人们饭桌上的食物，除了适应当地环境之外，还要合人们的口味，也就是说这些新植物必须融入当地的食物体系。而只有首先进入菜园，这些植物才有机会一步步融入当地的饮食习惯中。在此之后，也有一些植物走出菜园，被种植到更开阔的田地，比如说玉米。

所有外来植物只有先经历菜园里的培育和驯化过程，才能适应当地环境，才有可能被种到更开阔的田野里。这段菜园同化外来植物的历史特别难以追溯。虽然根据当时博物学家们的通信、所编纂的植物目录以及在著作中的相关描述，历史学家能够确定一些美洲植物被送给贵族或者被种到植物园里的时间。然而，由于相关资料缺乏，历史学家很难确定这些植物被引入农民菜园的具体情况。而在被种到开阔的田野之前，玉米和土豆的同化过程有一部分是发生在农民的菜园里的。

同时，菜园同化外来植物所需要的时间可能特别长，比如培育土豆就花费了好几个世纪的时间。一些植物耗尽了人们最初的好奇心最终也没能进入大众菜谱。这可能是因为不适应当地气候。比如 18 世纪少数非常富有的人在凡尔赛宫温室中种植的菠萝，就因为气候原因最终没有被广泛种植。也有可能是饮食风俗方面的原因。比如从 16 世纪开始，辣椒在西班牙和意大利南部地区已经成为常见蔬菜，那里的家庭主妇甚至在窗台上的花盆中种植辣椒，但当它们到达法国时，正值人们抵制香料的时候，因此除了西南地区外，辣椒在法国主要还是被当成装饰性植物，依靠果实的形状和颜色取悦大众。里昂人孔布勒（Combles）在他 1749 年出版的《菜园学院》中承认："在法国，人们种辣椒主要不是为了吃它，而是为了装饰花园以及吸引人们的眼球，人们并不看重辣椒的实用性。"而在这本书出版的时候，辣椒已经引入法国两个世纪了。

菜豆（Phaseolus vulgaris）在欧洲的同化过程则完全不同，虽然它也来自美洲，但是它在西欧的传播速度非常快。早在16世纪的第一个十年，它就出现在西班牙。这种来自美洲的菜豆特别像当时欧洲普遍种植和消费的豆类，比如蚕豆和豌豆，因此它的本土化进程很快。菜豆甚至成功取代了古代和中世纪欧洲人经常吃的豇豆（Vigna unguiculata）。出于对饥饿的恐惧，欧洲的饮食文化特别看重那些耐储藏的蔬菜，比如豌豆、鹰嘴豆、扁豆和蚕豆等，菜豆也完美适应这种需求，所以能够自然而然地融入这种饮食文化中。

杂交、变异、选择

园丁往菜园里引进已经在别处栽培的植物、当地的野生植物以及外国的植物，于是不经意间就把菜园变成了利于植物杂交的理想场所。草莓的例子就很好地说明了这一点。从古代一直到17世纪，欧洲人只见过一种野生的果实很小的草莓。之后，西方人从美洲、智利（Chili）和弗吉尼亚（Virginie）带回了果实更大的草莓品种。1714年，弗朗索瓦·阿梅迪·菲勒泽（François Amédée Frézier，1682—1773）带回了一种智利草莓（智利白草莓，la blanche du Chili）。人们把它种在凡尔赛的皇家菜园（potager du roi）、巴黎的皇家花园（jardin du roi）、布雷斯特（Brest）的海军植物园（jardin botanique de la marine）以及普卢加斯泰多拉（Plougastel）的菲勒泽布列塔尼庄园（la propriété bretonne de Frézier）里，智利草莓在这些地方得到驯化。在凡尔赛，安托万·尼古拉斯·杜申（Antoine Nicolas Duchesne，1747—1827）成功地将智利白草莓与弗州草莓（Fragaria virginiana）杂交在一起，我们今天所吃的单季草莓就是源自这个杂交品种（Fragaria x ananassa）。

Revue Horticole.

J.P. Gaillot, del. Lith. J.L. Goffart, Bruxelles.

Fraise des Quatre_Saisons Millet.

四季草莓，19 世纪的版画。

在发现美洲新大陆之前，欧洲菜园里种的草莓果实都非常小。我们今天吃的大草莓源于欧洲品种与智利、弗吉尼亚品种的杂交。杂交过程就发生在菜园（比如凡尔赛的皇家菜园）里。

菜园里植物品种的增加，不仅是因为不同植物品种间会杂交，也因为植物自身会发生基因突变。让我们再回到草莓的例子上来。在凡尔赛，安托万·尼古拉斯·杜申观察到一株变异的草莓，它的每片叶子上只附着一片小叶（foliole），而其他草莓的叶子却长着三片小叶，而且这个变异植株还把这一性状遗传给了它的子代。他在自己的著作《草莓自然史》（*Histoire naturelle des fraisiers*，1766）中记录下了这个现象，并且从中推断出：

> 意外导致某些草莓的性状发生改变，这种改变有时特别明显，会遗传给它们的后代。这样，一个新的品种就诞生了。

杜申就描述了一次基因突变，这种现象远非个例。直到 19 世纪后期，菜园里生产的谷物和蔬菜主要都是家人食用，农民家庭尤其如此。这种局限于家庭内部的生产方式促进了基因突变的产生，因而有利于植物品种的丰富。19 至 20 世纪，人们对于种子性状的了解更加深入，也有更多专业的种子公司成立，于是作物品种逐渐标准化和固定化，在此之前，蔬菜品种的性状变动不定。虽然没有专门的文献记载，但此时各家各户的菜园里肯定都有很多自发的基因突变产生，园丁各自根据果蔬大小、成熟度、口味和颜色等标准择优培育，没有统一的程序，这也是为什么 20 世纪初期之前有那么多果蔬品种的原因之一。

人们对许多蔬菜都进行了人工选择，比如人工选择出来的细长橙胡萝卜就逐渐取代了中世纪以来的小型白胡萝卜，另外还有 16 世纪初期的四种生菜，经过人工筛选，到了 18 世纪末期分化出了 50 多种生菜。同样，人工筛选增加了土豆的品种，有更多土豆的口味可供选择，所以土豆才能在旧制度的最后一个世纪征服餐桌。1795 年出版的《共和党厨师》（*La Cuisinière républicaine*）是法国第一本完全讨论如何烹饪土豆的食谱，作者在序言中写道："很长时间以来，人们只能区分红薯和土豆。而当人们开始从种子开始筛选和培育时，就获得了更多不同品种的土豆。”

18世纪人们用种子繁殖培育土豆，因而出现了更多基因突变，人们也能借此改善土豆的口感、丰富土豆的品种、区分出用来喂猪和供人食用的土豆种类。因为人们通过人工选择对一些蔬菜进行了改良，许多中世纪时期被当成蔬菜的植物在旧制度的最后两百年里被贬低为杂草，比如匍匐风铃草、地榆、拉维纪草和滨藜。我们今天称滨藜为“野菠菜”，中世纪的人们长期在菜园里种植这种植物，然后采摘它的三角形叶片食用，但后来，改良后的菠菜逐渐取代了它。1912年，乔治·吉博（Georges Gibault）在他所著《蔬

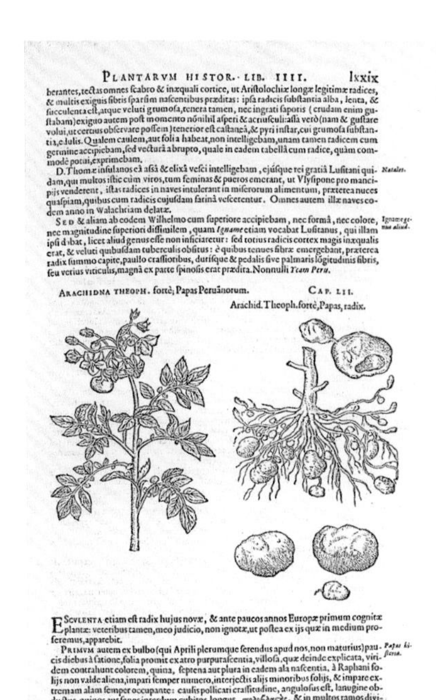

PLANTARVM HISTOR. LIB. IIII. lxxix

berantes, tectas omnes ſcabro & inæquali cortice, ut Ariſtolochiæ longæ legitimæ radices, & multis exiguis fibris ſparſim naſcentibus præditas: ipſa radicis ſubſtantia alba, lenta, & ſucculenta eſt, atque veluti grumoſa, tenera tamen, nec ingrati ſaporis (crudam enim guſtabam) exiguo autem poſt momento nōnihil aſperi & acriuſculi: aſſa verò (nam & guſtare volui, ut certius obſervare poſſem) tenerior eſt caſtaneâ, & pyri inſtar, cui grumoſa ſubſtantia, edulis. Qualem caulem, aut folia habeat, non intelligebam, unam tamen radicem cum germine accipiebam, ſed vecturâ abrupto, quale in eadem tabellâ cum radice, quàm commodè potui, exprimebam.

D. Thomæ inſulanos eâ aſsâ & elixâ veſci intelligebam, ejúſque rei gratiâ Luſitani quidam, qui multos iſtic cùm viros, tum feminas & pueros emerant, ut Vlyſipone pro mancipijs venderent, iſtas radices in naves intulerant in miſerorum alimentum, præterea nuces quaſpiam, quibus cum radicis cujuſdam farinâ veſcerentur. Omnes autem illæ naves eodem anno in Walachriam delatæ. *Natales.*

SED & aliam ab eodem Wilhelmo cum ſuperiore accipiebam, nec formâ, nec colore, nec magnitudine ſuperiori diſſimilem, quam *Igname* etiam vocabat Luſitanus, qui illam ipſi dabat, licet aliud genus eſſe non inficiaretur: ſed totius radicis cortex magis inæqualis erat, & veluti quibuſdam tuberculis obſitus: è quibus tenues fibræ emergebant, præterea radix ſummo capite, paullo craſſioribus, duríſque & pedalis ſive palmaris lōgitudinis fibris, ſeu verius viticulis, magnâ ex parte ſpinoſis erat prædita. Nonnulli *Ycam Peru.* *Igname genus aliud.*

ARACHIDNA THEOPH. fortè; Papas Peruānorum. CAP. LII.

Arachid. Theoph. fortè, Papas, radix.

ESCVLENTA etiam eſt radix hujus novæ, & ante paucos annos Europæ primum cognitæ plantæ: veteribus tamen, meo judicio, non ignotæ, ut poſtea ex ijs quæ in medium proferemus, apparebit.

PRIMVM autem ex bulbo (qui Aprili plerumque ſerendus apud nos, non maturius) paucis diebus à ſatione, folia promit ex atro purpuraſcentia, villoſa, quæ deinde explicata, viridem contrahunt colorem, quina, ſeptena aut plura in eadem ala naſcentia, à Raphani folijs non valde aliena, impari ſemper numero, interjectis alijs minoribus folijs, & impare extremam alam ſemper occupante: caulis pollicari craſſitudine, anguloſus eſt, lanugine obductus, quinos aut ſenos interdum cubitos longus, πολυβλαςὴς, & in multos ramos diviſus, longos, infirmos, & niſi ridica aut alijs adminiculis ſuſtineantur, pondere ſuo in terram procumbentes, & latè ſe ſpargentes: ex ramorum alis prodeunt pedales craſſi, anguloſi pediculi, denos, duodenos, aut plures flores ſuſtinentes, elegantes, uncialis amplitudinis aut majores, *Papas hiſtoria.*

《土豆》(*La pomme de terre*)，选自卡罗卢斯·克卢修斯（Carolius Clusius）所著的《珍稀植物史》(*Rariorum plantarum histori*)，安特卫普，1601年。这是欧洲历史上对于土豆的第一次图像描绘。

土豆一被引入欧洲，它的花期、根系、块茎和营养周期就很快引起了博物学家们的兴趣，他们将其归入茄科。但是，这种来自美洲的植物在试图融入欧洲人的饮食习惯以及进入他们的菜园时遇到了很大困难。

菜史》(*Histoire des légumes*) 结尾一章专门讨论了那些被淘汰的蔬菜，包括泽芹、亚历山大草（maceron)、拉维纪草、亨利藜（bon-henri anserine)、巴天酸模（patience)、公鸡草（le coq des jardins）等。

对于植物的驯化，种子的自我生产迭代，谷物、幼苗和接穗的交换，植物间的杂交和基因突变，以及种子公司和苗圃 18 世纪以来的蓬勃发展，这些因素都丰富了菜园里的蔬菜多样性。在 19 世纪末和 20 世纪前半叶，菜园里的蔬菜品种数量达到了顶峰。

嫁接的艺术

水果同样也涉及杂交和基因突变等问题。如果用播种的方式繁殖，水果必然也会发生基因突变，从而导致水果品种的增加。如果我们想让一个水果品种从古代到现在一直保持不变，就得依靠嫁接技术，而这种方法很难运用在蔬菜上。嫁接技术使得我们在维持植株性状的同时增加植株数量。古代人就已经掌握了嫁接这项技术，靠它繁殖优质的水果植株。嫁接时，接穗上结的水果数量保持不变，但人们却能同时选取到更优良的砧木，比如砧木抵抗恶劣环境的能力，以及更优良的木质结构等。

嫁接技术让果园成为一个充满奇迹的地方。果园里最重要的三件事是品种选择、植株化以及优良品种的繁殖，嫁接技术在这三个领域都发挥了重要作用。14 世纪初期，阿图瓦的玛哈特（Mahaut d'Artois）通过嫁接来自勃艮第、阿拉斯（Arras）和博韦（Beauvais）的梨树、苹果树和樱桃树，丰富了自己的果园，尤其是他在爱司丹（Hesdin）和公弗朗（Conflans）的果园。嫁接技术强化了果树品种的驯化，确保它们远离自己的野生母本。这项技术因此加强

《嫁接为人类带来甜美的果实》(*Greffe portant doulx fruict pour les humains*)，艾蒂安·科洛(Étienne Collaut)所作的彩色插画，选自《受孕赞歌》(*Chants royaux sur la Conception couronnés au Puy de Rouen*)，1530年手抄本，藏于法国国家图书馆，编号：Français 1537, fol. 91 v°。

嫁接技术让果园成为一个创造奇迹的地方，从此果园不再蛮荒。嫁接时，相同的接穗保证生产的果实品质相同，从而保证优良的水果品种能够得到广泛传播。至于适宜的砧木，它可以提升整个植株的抵抗力，改善植株的木质结构。16世纪的人文主义讨论常常用嫁接技术比喻人的自我完善。

了自然野生世界与果园文明世界二者间的区分。

旧制度下，人们主要在果园里使用嫁接技术，但后来人们逐渐开始在道路两旁以及田野中种植果树，因此这项技术也逐渐走出果园，走向更开阔的田野。

征服气候

菜园也生产时鲜的以及早熟的蔬菜水果。中世纪时期的许多富人都热爱时蔬的味道，哪怕花费高也没关系。13 世纪的巴黎就常常有售卖新鲜绿色豌豆的叫卖声，许多富人都会来买，而寻常百姓一般只吃干豌豆。富人的乐趣就在于在这个季节尽可能早地吃到新鲜的豆子，中世纪最后几个世纪的巴黎人也喜欢吃当季新鲜的蚕豆。大约写于 1393 年的《巴黎家政》就建议园丁在 12 月末到 3 月初的这段时间里多播种蚕豆，防止有种子被冻伤，也能确保收获最早的一批蚕豆，这批蚕豆的价格总是最高。不过，得等到十七八世纪（这两个世纪是园艺技术突飞猛进的伟大世纪），生产反季节果蔬的技术才真正普及开来。

人们用粪便、玻璃罩以及墙壁等各种方法为植物创造特殊的生长环境，以便生产时鲜的、早熟的或者晚熟的蔬菜，或者那些不太适应当地气候环境的水果，比如卢瓦尔河以北地区在生产杏、无花果、甜瓜和桃子时就会使用这些方法。使用粪便时，人们会先铺一层动物粪便，最常用的是马粪，然后再在上面铺一层土，植物就种在土上。粪便以及秸秆腐烂时会产生热量，从而加速作物的生长，这样，园丁就能生产时蔬以及反季节的蔬菜。人们还会靠着墙壁堆一个土坡，让它接受阳光的照射；在土坡上种蔬菜，可以长得更快。18 世纪生产的白色玻璃让人们在种植蔬菜时能够靠玻璃罩集中热量，同时保护娇贵的作物免受雨、雪、霜冻和冰雹的侵害。除了玻璃罩，还制造了带玻璃顶的箱子，它的主体是一个木箱子，箱顶是一块倾斜的玻璃板，使用起来比玻璃罩更方便。18世纪下半叶，虽然这种箱子还是很昂贵，但已经慢慢普及到巴黎以及一些精英家庭的菜地里。这些旨在突破气候条件限制的菜园之所以能够存在，得益于以下几个因素：首先它们离巴黎很近，有大量且持续不断的粪便供应，其次有很多菜农愿意投入精力生产，最后这里的富裕精英阶层又热爱享用新鲜时蔬，愿意高价购买。

18世纪，贵族的菜园都配备了温室。温室的建造和运营成本很高，对它的使用代表着一个地方的现代化。又因为它是技术创新的标志，所以荷兰、英国和法国都在温室建造上互相较劲。位于凡尔赛的皇家菜园以及特里亚农宫（Trianon）利用温室生产出了反季节的草莓与桃子，并且让菠萝以及咖啡豆也能在这里生长成熟。1733年的隆冬时节，皇家菜园生产出了第一颗菠萝。这一技术成就让路易十五十分高兴，于是他命令画家让·巴普蒂斯特·乌德里（Jean Baptiste Oudry，1686—1755）把这颗菠萝画下来！

对于反季节蔬果的批评

精英阶层的菜园以及城市里的菜园强行生产反季节蔬果，于是人们开始从伦理以及口味等角度批评这种技术，而且这种批评越演越烈。早在17世纪，就有反对生产和消费反季节蔬果的声音。1668年，医生皮埃尔·达利库尔（Pierre Dalicourt）在《延缓衰老的秘密》（*Secret de retarder la vieillesse ou l'art de rajeunir*）一书中指出："所有这些早熟的蔬菜和水果都会引起肠胃胀气，因为里面充满腐坏的汁液，让人难以消化。"法国哲学家拉布鲁耶（La Bruyère，

焦万娜·加尔佐尼(Giovanna Garzoni),《一盘蚕豆》(*Plat de fèves*),17世纪,水彩画,现藏于佛罗伦萨碧提宫(Palazzo Pitti)帕拉提纳美术馆(Galleria Palatina)

画中盘子里的蚕豆尚在豆荚里,旁边还有绿叶,说明这些蚕豆刚刚采摘下来没多久,这种新鲜的感觉与陶盘的白色交相呼应。地上还有一些剥好的蚕豆和一株康乃馨,它们暗示着时间的流逝。在当时,吃新鲜的蚕豆是极高社会地位的体现。而一旦把蚕豆风干,它们就变成寻常百姓家储存的干粮了。

1645—1696)将一些人的痛苦与另一些人的奢侈进行了比较,后者让那些原本在夏天才出现的果实强行出现在隆冬时节:"苦难笼罩着一些人,他们缺乏食物、害怕冬季,甚至恐惧生活。而另外一些人却在吃着早熟的水果,他们强迫土地和不合适的季节为自己提供美食。"(见拉布鲁耶的作品:《性格论》(*Les Caractères* VI. 47)

18世纪,随着对奢侈品有用性的讨论,以及启蒙运动对于自然和

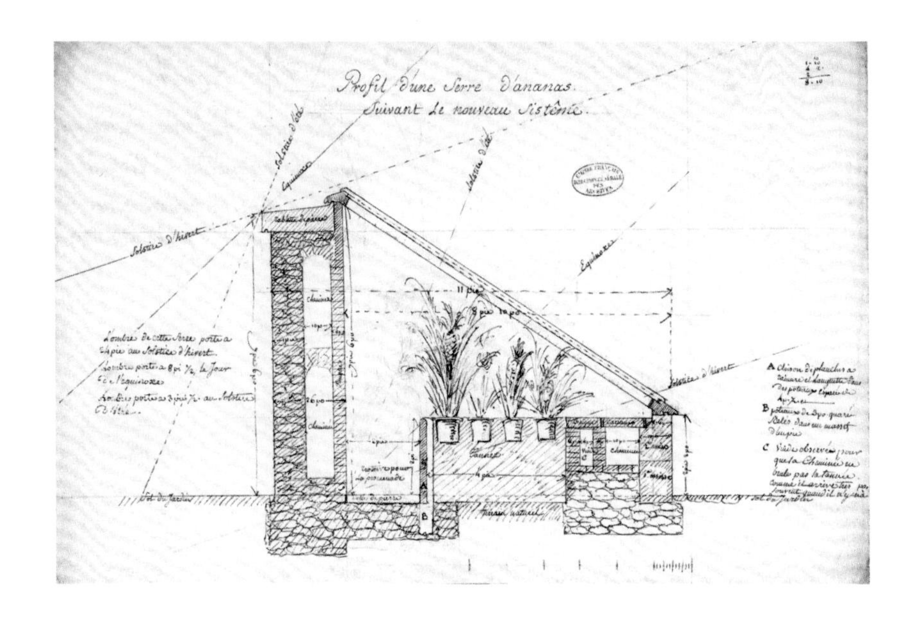

《种植菠萝的温室的切面图》(*Coupe de serre à ananas*), 1765 年，巴黎，法国国家档案馆

18 世纪，温室成为法国、荷兰和英国贵族菜园的一个重要组成部分。它给水果蔬菜反季节生长的环境，让咖啡和菠萝等外来植物可以在本地生长至成熟。这个用来种植菠萝的温室安装着当时最先进的系统，这张剖面图也画得特别精良细致。配备了这种温室的菜园甚至可以算得上是展示一个国家现代化水平、技术实力乃至自身威望的地方。

“高贵野蛮人”(bon sauvage)[1]的反思，这种对于反季节蔬果的批评继续进行，甚至有所增加。让－雅克·卢梭强烈谴责早熟的蔬果，认为这是反自然的表现，它们“打乱了自然的秩序，是只会带来麻烦而不会带来乐趣的；若我们硬要向大自然索取它不愿意给的东西，它只会给得很勉强，且有怨言。这样的蔬果质量既不好，而且也没有味道，既不提供营养，也并不爽口，再也没有什

1　高贵野蛮人，一种对于野蛮人的理想化看法，即认为人在自然质朴状态下最为善良无私。

么比提早上市的果子更淡而无味的了；巴黎的富翁花了很多钱用火炉和温室培养，结果一年四季摆在他们桌上的蔬菜和水果都是很劣等的。尽管我在霜天雪地的时候有许多樱桃，或者在隆冬的时候有几个琥珀色的西瓜，但这时候，我嘴里既不需要滋润也不需要提味，我吃樱桃或西瓜又有什么意思呢？”[1]（见卢梭的作品：《爱弥儿，或论教育》，1762）

18 世纪的梅农（Menon）写了很多烹饪方面的书籍，他在《饭店厨师长的学问》（*La Science du maître d'hôtel cuisinier*，1749）一书中说道：“蔬菜不是长得越快越好，那些用来催熟的肥料和技巧往往也会改变它们的品质。”20 世纪初，伟大的法国厨师奥古斯特·埃斯科菲耶（Auguste Escoffier，1846—1935）也指出，早熟的蔬菜主要是因为其稀有性和颜色而被追捧，而不是因为其味道。不过，有时候人们在征服气候条件的同时也能兼顾口味的改良，我们马上要讲的贴墙种植的水果就是这种情况。

贴墙种植的水果，果树中的贵族

贴墙种植技术象征着人们对于气候条件的征服，而且这项技术能够让水果个头更大、色彩更艳、味道更甜。贴墙种植的果树能够躲在墙体创造的小气候里，免受春寒和大风的侵袭。而且墙体就像是一个热量储存器，白天接受阳光照射，晚上再把白天储存的热量释放出来，防止温度过低。墙檐处往往还有一个挡板，挡板除了防止雨水渗入墙体、延长墙体寿命之外，还能保证垂直降落的雨滴不会直接砸在树叶、花朵和果实上。在 18 和 19 世纪，为

1　此处中译参考：《爱弥儿，或论教育》（下卷），李平沤译，商务印书馆 1978 年版，第 510—511 页。

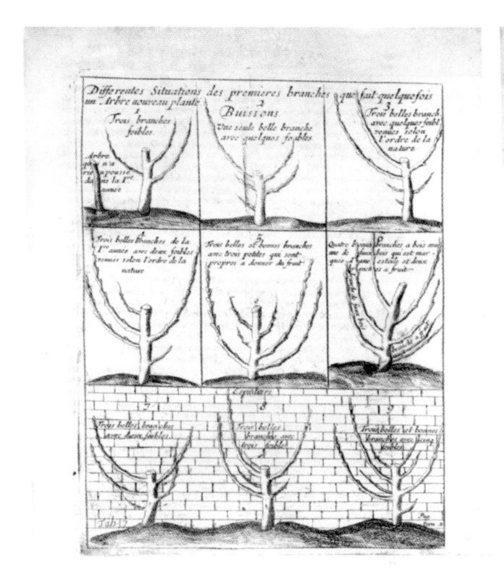

插图选自《果蔬种植指南，附一篇关于橙树的论文，以及对于农业的思考》，昆提涅，1690 年，1756 年由联合书商公司在巴黎出版。

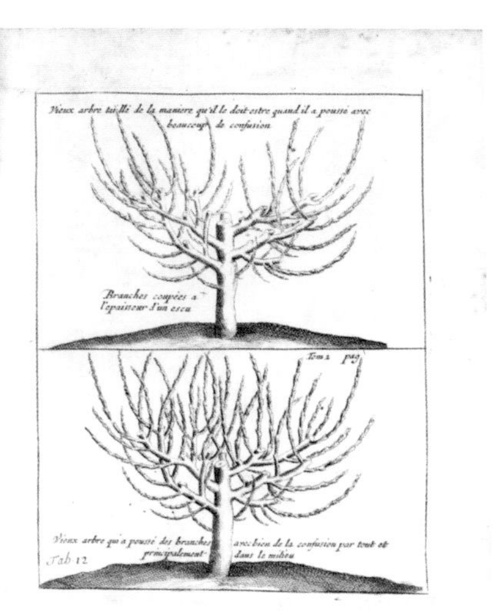

贴墙种植是 17 世纪法国园艺的伟大创新。17 和 18 世纪，几乎所有园艺专著都会讨论果树（尤其是桃树和梨树）的贴墙种植技术。园丁会定期修剪树木。墙体形成的小气候能够生产出更大更甜的水果，可以早或是推迟水果的采摘期。这样，让那些娇贵的外来水果品种也能够在本地茁壮生长。

了进一步防止果树受到春季霜冻和降雨的影响，人们会在挡板下再搭一个支架，上面铺上草席，再在果树周围打上一圈树桩，沿着树桩也围上一圈草席，更好地保护果树。通过选择特定的果树品种（早熟种或晚熟种），控制果实接受光照时间，果农能够最大程度地延长果实收获期，甚至决定果实成熟时间，以赚取更多利润。比如如果果农小心地逐步摘除叶子，水果就能得到更多光照，从而更快改变颜色、达到成熟状态。

贴墙种植就是这样一种靠着果园围墙发展出来的技术。具体来说，这项技术是17世纪上半叶由一些巴黎人在贵族果园、资产阶级果园、教会果园以及农民果园里开发出来的。16世纪的法国农村经济论著还没有记载这种技术。1600年，奥利维尔·德·塞雷斯在《农业剧场》（*Théâtre d'agriculture*）一书里说自己正致力于发展贴墙种植的技术，但实际上他所描述的是“非贴墙种植技术”（contre-espalier）[1]。在法国，第一个真正定义了如今我们所熟知的贴墙种植技术的作者是雅克·博伊索（Jacques Boyceau de La Baraudière）。1638年，他称这项技术是一个新鲜玩意儿。不过还得再等十来年，直到博纳丰（1651）和勒·让德尔（Le Gendre，1652）首次详细记录了贴墙种植技术的方法细节，这项新的园艺技术才真正宣告诞生。

蒙特勒伊的桃园墙

巴黎东部蒙特勒伊的桃园墙采用了17世纪诞生的贴墙种植技术，这项技术在征服不适宜气候的同时也改善了水果的品质。桃园墙于18和19世纪在蒙特勒伊和邻近村庄建造完成，人们由此创造了一个集约化的生产系统，也创造了一处原始的分区景观，格外引人注目，如今我们在蒙特勒伊仍然能看到桃园墙。人们用石头、石灰和泥土堆起大约三米高的墙体。为了避免墙体倒塌，墙体下方比较宽，越到上面越窄，然后比较大和重的石头都牢固地堆砌在墙体底部，比较轻的石块则混合着石灰用来加高墙体。南北方向平行排布的主墙之间相隔大约六至十二米，然后每隔十至十五米就有一道垂直的隔墙，于是这些墙壁就形成了一个网状结构。19世纪随着教会和贵族的地产被出售，桃园墙的网状结构得到进一步扩展。

1　“非贴墙种植技术”的形态具体可参见第175页。

焦万娜·加尔佐尼（Giovanna Garzoni），《桃子静物画》（*Natures mortes avec des pêches*），17 世纪，维也纳（Vienne），多禄泰（Dorotheum）拍卖行。

与梨子、无花果和甜瓜一样，桃子也是旧制度时期的精英们特别喜欢的一种水果。桃子皮薄、果肉多汁而且形态诱人，完美地满足了精英们挑剔的口味。通过更细致地修剪果树，以及贴墙种植、杂交选择等各方面的技术创新，人们种出了比中世纪更大、更多汁、更甜的桃子。

蒙特勒伊除了贴墙种植桃子，同时也种苹果、梨、李子、早熟樱桃、黑醋栗、草莓、白葡萄、时蔬和鲜花等，这些产品都供应给附近的巴黎菜市场。18 世纪中叶神父罗杰·沙博尔（l'abbé Roger Schabol）用自己的著作将蒙特勒伊园艺的名气打了出去。蒙特勒伊园艺之所以有如此名声，主要就归功于沿着石墙精心种植的桃树。人们给墙面抹灰，这样一方面可以加固墙体，一方面可以防止昆虫和啮齿动物在墙体里筑巢，同时还方便将绑枝条所需的钉子打进墙去。绑枝的时候，园丁先把钉子打进石灰涂层，然后用破旧布片把树枝顺着墙面绑在钉子上，让树枝呈扇形分散开。因为这种绑枝方法便宜而灵活，破布可以防止树枝与墙面直接摩擦、发生损伤。所以从17世纪开始，在盛产石灰的巴黎村庄中，这种绑枝方法最为普及，随着时间的流逝，钉子遇水生锈，铁锈会紧紧地粘在石灰和破布上，这样一来，枝条就会绑得更加牢靠。通过这样的管理和修剪，桃树得以在巴黎时常有些恶劣的气候条件下生长成熟，结出大、多汁而甜美的果实。另外，除了墙壁提供的热量以及日照的增加，蒙特勒伊的果蔬生产还得益于用巴黎城市淤泥做成的肥料。

最近，巴黎东南方向的托姆里（Thomery）园区计划建造一个类似于蒙特勒伊的种植体系，但不是为了种植桃子，而是为了种植葡萄。在这里，葡萄会和蒙特勒伊的桃子一样沿墙生长，珍贵的白葡萄会在秋冬时分成熟。

果园，果树的实验室

园丁在果园里每日劳作，慢慢明白了怎么定期修剪树木，以确保树木的生长满足空间要求，同时争取更好地利用当地气候条件，培育出个头更大、颜色更艳、口味更甜的果实。为了得到肉质饱满的水果，园丁必须修剪果树。旧制度的精英们甚至规定了培育法式果树的标准，包括果树形状、修剪工序以及砧木选择等。

翻阅旧制度时期的果园租约、园艺合同和法庭案例，我们发现，当时人们确实会仔细修剪果园里的果树，而那些种植在田野和葡萄园里的果树，人们要么压根就不修剪，要么充其量就只是简单修剪一下表面，用17和18世纪的话来说，就是简单“打理”（nettoyage）一下。而动词“修剪”（tailler）则不是简单的“疏剪”

（éplucher）或“维护”（entretenir），它是果园租约所要求的对于果树的精细化管理。遗憾的是，租约里关于实践的技术条款往往写得言简意赅，我们无法从中读出更具体的操作细节。

从 17 世纪开始，无论是对于农民还是资产阶级，果园都成为了名副其实的修剪果树的实验室。有两种主要的修剪果树的方式，一种是把果树修剪成扇面状，一种是把果树修剪成团块状。这两类技术不断改良完善，到了 19 世纪已经不再局限于果园内部，而被运用到更广阔的田地里。从果园到更广阔的田野，这段发展历程中涌现了很多技术革新。

园艺实践

我把它印成小册子，方便您随身带着，这样您就能参照册子上的内容检查您家园丁的工作，评判他们的能力，看看他们是否有什么忘记了做。

博纳丰，《法国园艺师》（Le Jardinier françois，1651）

博洛尼亚人彼得罗·克雷森兹（Pietro de' Crescenzi）在《农益书》（*Opus Commodorum Ruralium*）的第六章里谈及了“草药园”，也就是说既种了蔬菜，也种了药草的园子。对页的彩色插图选自一份法语手抄本，该手抄本完成于大约1470到1475年间的布鲁日（Bruges）地区。借助这幅插图，我们得以一窥中世纪末期精英阶级菜园的样貌。这个菜园由一堵石墙和一圈木栅栏围起来，栅栏上还长着藤蔓。菜园内部被小路分割成棋盘状。这些小路可能是用沙子铺成的，上面的杂草都被除干净了。小路切割出来的苗床都被加高，有些苗床的四周围上了一圈由柳条编织成的栅栏，四周则种上了一圈植物，比如靠近前景的两个苗床周围就种了一圈药草、香草以及鲜花，仿佛形成了一圈带有香味的边界线。为强调这里面种了作物，苗床都被涂成了绿色。作物包括各类香草和药草、多叶的蔬菜、用支架支撑着的鲜花（包括康乃馨），以及小灌木（可能是醋栗和覆盆子）。画中人物的穿着、从事的工作、植物的生长状态，都说明这幅画表现的是早春时节的菜园景象。前景里，一个男人单膝跪地，可能是在种树，也可能是在挖树，地上摆着干活用的锄子和锹，锹刃几乎完全包着铁皮。在菜园的后方，另外三个人也都在辛勤地工作。右边的人在翻土，他的右

《果树》(*Les arbres fruitiers*)，画师伊冯杜福 (Maître d'Yvon du Fou) 所作彩色插画，该插画选自《乡村福利簿》，大约 1480—1485 年间绘制于法国普瓦提埃 (Poitiers)，手抄本现藏于法国国家图书馆，编号：Français 12330, fol. 105。

画师马格里特（Maître de Marguerite d'York）所作彩色插画，该插画选自《乡村福利簿》手抄本，手抄本大约1470年间完成于布鲁日（Bruges）地区，现藏于巴黎法国国家图书馆，编号：Ms 5064, fol. 151 v°。

这幅绘制于中世纪晚期的插图描绘了菜园里的围栏、棋盘式分布的苗床和一些园艺工具（例如锹和截枝刀）。在当时，春天仍然是细密画画家们（miniaturistes）绘制菜园时最喜欢描绘的季节。因为春天是万物复苏的时候，它预示着富足。在中世纪的想象中，春天充满积极的含义。同时，春天也是人们要干许多农活的季节，这幅画中，园丁正在挖土、播种、收割和移栽作物。

脚踩在锹刃上，正用力把它踩进土里，同时两只手紧紧握住锹柄。中间的人将一块白布做成的种子袋系在腰间，他正在一块已经翻过土的苗床上播种。左边的第三个人手里拿着一把截枝刀，正朝着一些球状的植物弯下腰，这些植物很可能是卷心菜，他的动作说明他可能是想要收割这些蔬菜。最后，在菜园的入口处，两个衣着华贵的男人正站在一桩雄伟的建筑物前，他们一边交谈，一边用手指着菜园和在里面工作的人们。身着蓝色长外套的男人是这片土地的主人，而腰带上挂着醒目钱包的人则无疑是菜园的管家。

这幅插图至少反映了四种围绕着园艺的工作。第一种是劳动者的工作，他们要在菜园里挖土、播种、除草等。第二种是菜园管家的工作，管家负责安排劳动者工作。第三种是有钱的土地主人的工作，他负责监督菜园管家。第四种是 15 世纪读者的工作，他们翻阅着这份有关园艺的手抄本。不过，这幅插图忽略了第五种，可能也是最日常的工作，即妇女们在菜园里的工作。

中世纪的园艺文献

中世纪的修道院是保存和传播古代园艺知识的地方，这里保存着古代自然学家如科鲁迈拉（Columelle）、瓦罗（Varron）、维吉尔（Virgile）、普林尼（Pline）和帕拉狄乌斯（Palladius）的著作手稿抄本。中世纪的穆斯林农业专著也促进了这些古代园艺知识的传播。古代园艺著作被人们保存、复制、阅读甚至抄袭，里面的内容最终无疑影响了圣－加伦（Saint-Gall）城市规划时选择种植的植物种类，也影响了 8 世纪末查理曼大帝颁布的《庄园敕令》（*capitulaire De Villis*），后者规定了加洛林王朝领地里应该种植哪些草药、蔬菜和果树。同理，维吉尔的《农事诗》（*Géorgiques*）可能也影响了 9 世纪瓦拉赫弗里德·斯特拉邦所写的诗歌《小菜园》。总之，古代文献毫无疑问影响了中世纪有关园艺的知识，其影响甚至延续到后续文艺复兴时期出现的农村经济论著。

仔细说来，中世纪诞生的有关园艺的论著其实很少，但这些论著都特别关心野生植物以及家种植物的特性。多米尼加人（dominicain）大阿尔伯特（Albert le Grand，1206—1280）又被称为“全能博士”（doctor universalis），他写的《植物学》（*De vegetabilibus*，约写于1260年）是一本百科全书式的作品，里面讨论了园艺工作，尤其谈到了对于植物的驯化、施肥、浇水、翻土、嫁接，太阳对植物的影响等事项，并给出了一些栽培植物的建议，比如将植物按方块分组种植，另外还描述了卷心菜、韭葱、大蒜、芹菜、莴苣、黄瓜、鼠尾草和芸香等蔬菜的特征。宾根的系列著作《神物之精巧》（*Livre des subtilités des créatures divines*），其中第一本就专门研究植物，作者在里面讨论了植物的属性以及它们的医用价值。这位女修道院院长对于人类自己种植的草药特别感兴趣，她认为这些草药就像人们自己在家里照顾和喂养的动物一样。她还详细记录了12世纪“草药园”中栽培的植物，以及当时的植物学知识。也是在12世纪，医生普拉泰阿里乌斯（Platearius）写出了《单味药书》（*Liber de simplici medicina*），他在书中描述了各种植物及其医疗功效。这本《单味药书》在西方广泛传播，有拉丁文和其他通俗语言版本。

中世纪最重要的园艺论文是博洛尼亚人彼得罗·克雷森兹（Pietro de Crescenzi）所写的《农益书》（*I'Opus Ruralium*）第六章。作者在他生命的晚年，即1305至1309年间用拉丁文写成这篇论文。写作时，他借鉴了古代资料，特别是帕拉狄乌斯和瓦罗的著作，也参考了当时最新的一些材料，如大阿尔伯特所写的《植物学》，和普拉泰阿里乌斯所写的《单味药书》，同时作者也结合了自己在意大利北部所做的观察。在《农益书》（*Opus Commodorum Ruralium*）第六章的开篇中，作者写道，“我将谈论菜园、耕种

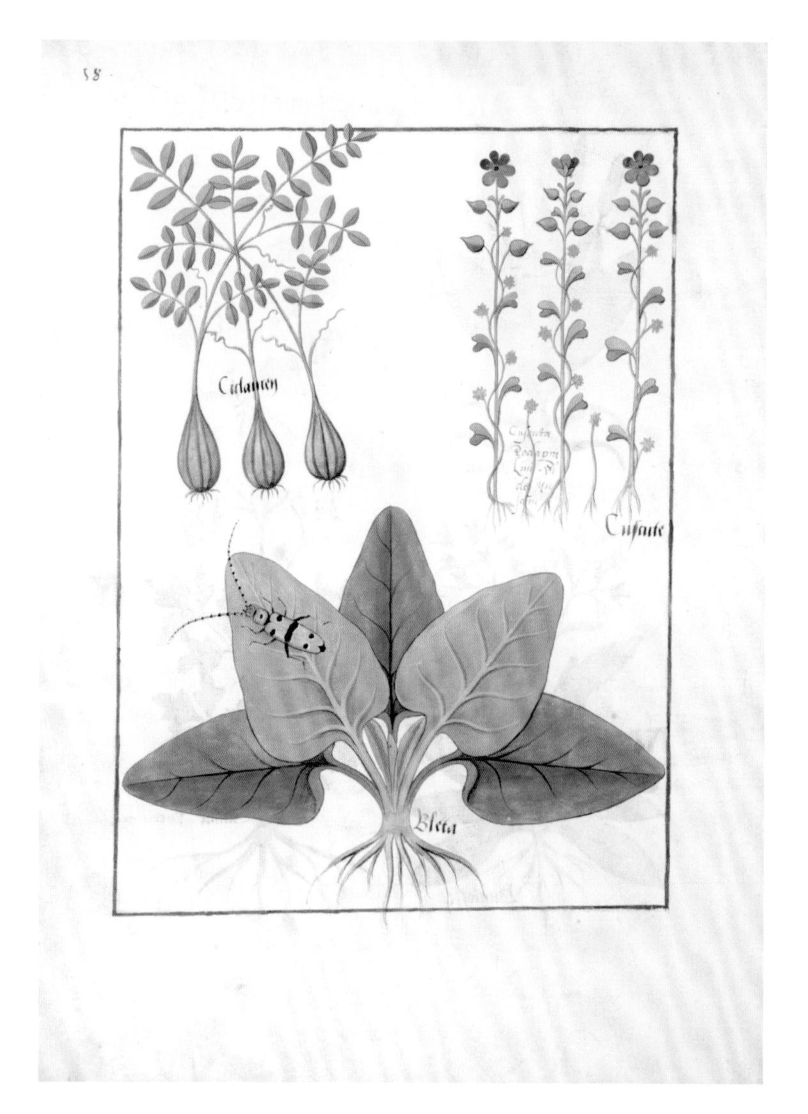

《仙客来(*Cyclamen*)、菟丝子(*cuscute*)与牛皮菜(*blette*)》，法国画家罗比内·特斯塔德(Robinet Testard)所画的插画，选自马泰乌斯·普拉泰阿里乌斯(Matthaeus Platearius)的《单味药书》(*Liber de Simplici Medicina*)，1500年(手抄本)。现藏于圣彼得堡俄罗斯国家图书馆，编号：Fr.F.v.VI,1. fol.140 v°。

中世纪的园艺知识特别关注野生植物与家种植物的治病和养生功效。菟丝子是一种寄生植物，据说有通便的作用。至于牛皮菜，它在中世纪的菜园里很常见，人们常常用来制作蔬菜粥和馅饼。

菜园的技术，以及所有种植在菜园里、能够滋养人体的植物……我也会讨论哪些植物对人体有益，哪些植物对人体有害”。在这篇论文里，克雷森兹描述了120种植物，同时在园艺技术方法，从建造菜园到具体的园艺工作，作者也给出了很多实用的建议。

彼得罗·克雷森兹的这篇论文在14至15世纪取得了巨大成功，有不少于141份手稿抄本流传下来。1471年，这本书的拉丁版本印刷出来。1373年，这本书被译成法文，成为法文世界第一本园艺专著，法文本书名为《乡村福利簿》。1486年，法文本第一次在巴黎印刷，到1540年这本书一共重印了14次。

神奇的嫁接时代

古代、中世纪和文艺复兴时期的园艺专著讲述了许多熟练掌握嫁接技术的园丁能够种出什么水果的故事，包括没有核的、天蓝色的、带有香料味或蜂蜜味的水果，一半是坚果一半是桃子的混合果实等，特别匪夷所思。专著中还有一棵树上嫁接了各种品种的混合果树：一个枝条上结着坚果，另一个枝条上结着浆果，其他枝条上结着葡萄、无花果、黑莓、石榴和各种苹果等。还有一些更让人难以置信的嫁接方案，比如涂上蜂蜜、丁香、生姜和肉桂的接穗最后会结出带有香料香气的樱桃和桃子，把字条塞进果核里面最终会种出果实上带字的树，把轻泻剂或麻醉剂放进果核里最后能得到具有相应药效的果实，把葡萄藤嫁接在油橄榄上最后就能长出可供榨油的葡萄串等。这些粗陋的有关嫁接的说法继承自古代农学家和自然科学家（比如普林尼和科鲁迈拉）的著作，并一直流传至16世纪的园艺论著。比如中世纪学者彼得罗·克雷森兹在自己的著作里讨论了种出无核樱桃的方法，1564年，学者埃斯蒂安纳（Estienne）

和利博（Liebault）在《农业与乡村住宅》（*l'Agriculture et maison rustique*）一书中也谈到了这项技术。

中世纪追求各种神奇的嫁接技术，这种喜好一直延续到文艺复兴时期，此时依然有追求各种怪异嫁接之术的风尚。在文艺复兴时期的书中，我们常常能看到作者煞有其事地讲述如何从技术上完美实现那些实际上完全不可能实现的嫁接目标。这呈现了一个自然与超自然混杂在一起的幻想世界，魔法让一切不可能都变为可能。不过我们应当联系当时的整体知识背景来理解这些魔幻的嫁接术，当时的学者相信炼金术与占星术，并且认为存在各种怪物和魔鬼限制着人们的想象力，而菜园却给人们提供了一个充分发挥自己想象力的好地方。上帝当初建造了伊甸园，它本身就是菜园，而此刻，人类可以在菜园里凭借嫁接技术，扮演起上帝的角色。

不过我们也不能认为这些奇幻的嫁接技术只是纯粹的智力游戏，嫁接术与实际劳作息息相关。它们从侧面反映了当时人们所面临的技术限制。人们希望种出颜色更鲜艳、个头更大、肉质更丰满、口味更鲜甜的水果，但是技术上又不知道具体怎么实现，于是就只能求助于这些奇怪的、不切实际的嫁接术。另外，在这些怪异的嫁接术中，也藏着一些对于嫁接术及其效果的正确认识。比如，中世纪的人们就已经很熟悉并常常使用盾形嫁接（greffe en écusson）、劈接（greffe en fente）、冠接（greffe en couronne）以及拧笛接法（greffe en flûte）等几种主要的嫁接方法。

一位无名氏在14世纪的最后十年里写了《巴黎家政》一书，其中有一章专门讨论园艺，在这一章的末尾作者提到了一些神奇的嫁接技术。这些内容可能是参考了某版《乡村福利簿》手抄本，里面的说法和当时流行的园艺专著一样，把实际上不可能实现的嫁接目标，与一些看似可行的操作步骤混杂在一起。中世纪和文

《伊希斯嫁接树木》(*Isis greffe un arbre*)[1]，15 世纪，彩色插图，选自克里斯蒂娜·德·皮桑(Christine de Pizan)所著《乌塔耶写给赫克托耳的书信》(*l'Épître d'Othéa à Hector*)，现藏于巴黎法国国家图书馆，编号：Ms. français 606, fol. 13 v。

在这张中世纪的彩色插图里，飘浮在空中的伊希斯女神正在将接穗绑在砧木上。借助嫁接技术，人类可以扮演上帝的角色，改变砧木所结的果实类型，甚至幻想着果实有蜂蜜和印度香料的味道。虽然从古代到文艺复兴时期的园艺著作里一直记录着这些不切实际的关于嫁接的幻想，但实际上中世纪的人们就已经完美掌握了嫁接技术，比如这张画展示的劈接法。

1　伊希斯（Isis）是古埃及神话中司生育和繁殖的女神。

艺复兴的园艺专著就是这么复杂；不可否认的是，这些内容也滋养了当时人们的想象力，让他们的思绪可以逃向一个魔法般的世界。这里面有一种完全不为我们现代人所熟悉的理性，这种理性除了相信各种神奇的嫁接术，还相信月亮会影响蔬菜的鲜活程度。

与古老的月亮一同种菜

在 1652 年出版的《园艺故事》（*Théâtre des jardinages*）中，法国园林设计师克劳德·摩勒（Claude Mollet）强烈推荐园丁“根据月相变化来播种耕作，这样才能保证不会做无用功，才能保证所有的投入最后都会得到回报”。从古代农学家到 1670 年左右的园艺学者，理论家们在园艺论著中一直强调要参考月相周期来从事播种、栽培、嫁接和修剪等园艺工作。之所以会有这种说法，是因为人们相信植物的生长周期与月相周期之间有着对应关系。比如当满月逐渐亏损时，植物的汁液就会流到根部，此时特别适合修剪果树。而当新月逐渐变成满月时，情况则正好相反，此时就特别适合嫁接植物。这些说法的盛行，既说明当时人们对于植物生理学以及植物汁液的流动有了经验性的认识，也说明当时人们会根据天象安排自己的劳作，从而维持与自然的紧密联系。根据互补或对比原则，月亮成为观察太阳的对应物，人们会根据月亮来安排自己的工作乃至生活。

不过，17 世纪末以及 18 世纪的园艺论著开始谴责这些做法是农村百姓的粗鄙行为，是由过时的历书以及无知者的偏见造成的。17 世纪，天主教会希望将社会从迷信和残余异教信仰中解放出来。我们应当结合天主教改革以及科学革命的大背景，来理解来自精英阶层的这些谴责与批评。学者们都普遍地接受月相周期影

《10 月：在葡萄园中工作（收获和压榨葡萄，并将葡萄汁装桶）》，(*Le mois d'octobre : travail de la vigne (vendanges, foulage, entonnage), miniature extraite des*)《巴黎时刻》(*Heures à l'usage de Paris*) 中的一幅细密画，约 1418 年。

从古代到 17 世纪，人们一直参考月相周期来从事播种、修剪、栽培和嫁接等园艺工作。理论家和园丁们都相信天体的运行会影响植物的生长周期。中世纪的月历插画上，画家们会在每个月份里，把天上的一个黄道星座与地上的一种人类活动画在一起，这也说明当时大家都相信人类的工作日期与天体位置之间有关联。

响果蔬生长周期的说法，之后学者们又都明确地加以批评，这种态度转变与学界对占星术的态度转变同时发生。在17世纪，占星术这门曾经的科学，被贬低为晦涩难懂的迷信。昆提涅在1690年写作的《果蔬种植指南》（*Instruction pour les jardins fruitiers et potagers*）中强烈批评了有关月球影响作物的说法。在四十余年后的1732年里，神父普吕什（l'abbé Pluche）也指出，“关于月亮和行星对农业和园艺的影响，人们仍然像以前那样固执己见”，但“栽种植物需要真正的虔诚，要摆脱一切虚妄的顾虑和一切迷信的做法”。18世纪60年代的《农用便携词典》（*Agronome ou dictionnaire portatif du cultivateur*）也强调说：“农民常常有些古老的偏见，认为必须在月圆或月亏之时才能播种、栽种或嫁接，但实际上，月圆或月亏对菜园或田地里的农事没有任何影响。”

17世纪末，对于月相周期影响作物生长的说法，精英们已经从赞同的态度转变为公开的鄙夷，这样，精英们的看法就与乡村百姓的看法形成了明显对立。17世纪末、18世纪以及19世纪里，“无知”“偏见”“旧习”和“迷信”这些词语毫无疑问都是用来形容农民的。此时严肃的园艺论著已经不再讨论对月亮的观察，只有历书、俗语以及百姓口耳相传的知识里还会有这些内容。1813年，塞纳–瓦兹（Seine-et-Oise）农业协会出版的一篇论文如此这般贬低旧的历书：“正是在这些历书里，轻信者沉溺于虚假的预言和错误的戒律，并把谚语作为其行为准则。这些谚语之所以狡诈和危险，是因为它们所用的韵律让它们更加容易被学习记忆，同时让它们显得更加古老，从而激起了人们更多的敬意。每年年初，都会有很多农民购买历书，之后每日虔诚翻阅，看看一周的天气、星星和月相对孩子出生的影响，以及对农事以及牲畜的作用，不得不说，这是人类精神的耻辱。”

20世纪的学校教科书依然在强调月亮对于作物生长没有任何影响，可见这种错误观点持续了多么久，以及学院知识与家庭知识之间的对立是多么根深蒂固。1942年给农村学校男孩上课用的《应用科学与实践活动、农业、农村手工艺、农村生活、卫生和农村法律》（*Sciences appliquées et travaux pratiques, agriculture, artisanat rural, vie rurale, hygiène, droit rural*）手册，里面第75课专门讲菜园："月亮与幼苗是否茁壮成长毫无关联"，这些字被特意加粗，以确保学生们铭记于心。这本书还指出："老园丁们关于月亮影响幼苗生长的结论无法得到证实。"关于血色月亮（lune rousse）会导致幼苗枯萎的说法，书里解释说，这其实是"因为春夜的骤然降温冻伤了幼苗，可能此时恰好天空无云、月光皎洁。但月亮并不是导致幼苗枯萎的主因"。

17世纪的断裂

在人们谴责月亮影响作物的说法之前，在16世纪的园艺论著里，各种奇怪的不切实际的嫁接技术也渐渐消失，在17世纪，人们批评这些嫁接技术完全是胡思乱想。一批全新的园艺论著在17世纪诞生，它们与从中世纪到文艺复兴时期的具有神秘色彩的文献大相径庭。有两本论著为这个新时代揭开了序幕。一本是博纳丰于1651年出版的《法国园艺师》（*Le Jardinier françois*），这本书主要教授人们如何种树和蔬菜。另一本相关专著是1652年出版的《栽培果树的方法》（*Manière de cultiver les arbres fruitiers*），具体涉及苗圃种植、贴墙种植、非贴墙种植、灌木和高生树的种植》（*La manière de cultiver les arbres fruitiers, où il est traité des pépinières, des espalliers, des contr'espalliers, des arbres en buisson, et à haute tige*）。发生在17世纪的这一断裂既涉及论著的内容，也涉及论著的语言风格和目标受众。比如博纳丰的《法国园艺师》就是专门写给“高素质的人，以及在巴黎附近拥有娱乐场所的资产阶级”。1667 年，让·梅莱（Jean Merlet）也说自己的著作是专为“富贵人家”写的。1661 年的《皇家园艺家》（*Jardinier royal*）同样是专门写给“有钱的资产阶级”的。一直得等到 18 世纪下半叶，《园艺家年鉴》（*Almanach du bon jardinier*）的日益成功才宣告园艺著作的受众群体得到扩大，而这是一个比较晚近的事。

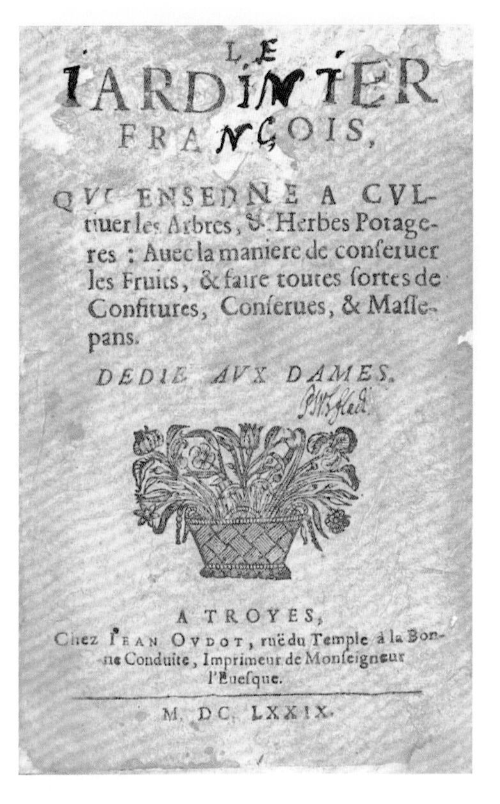
LE
IARDINIER
FRANÇOIS,
QVI ENSEIGNE A CVLtiuer les Arbres, & Herbes Potageres : Auec la maniere de conseruer les Fruits, & faire toutes sortes de Confitures, Conserues, & Massepans.
DEDIE AVX DAMES.
A TROYES,
Chez IEAN OVDOT, ruë du Temple à la Bonne Conduite, Imprimeur de Monseigneur l'Euesque.
M. DC. LXXIX.

《法国园艺师》，博纳丰，巴黎，1651 年出版，1679 年手抄本。

与中世纪和文艺复兴时期的具有神秘色彩的园艺文献不同，博纳丰的《法国园艺师》开创了一种书写园艺论著的新方式。这本轻而薄的园艺论著是专为精英阶层写的，它详细讨论了果树种植细节，以及风靡于 17 世纪的贴墙种植技术。

旧制度下最后两个世纪里的园艺论著主要完成三个任务：一是列出值得种植的优良果蔬品种清单，二是讨论克服气候条件限制的各种技术（包括在苗床上种植，以及制作果酱来保存水果等），三是教读者修剪果树的方法。这些园艺文献把修剪果树视为一项极其重要的技术，作者们纷纷给出自己的一套方法。不同的作者得

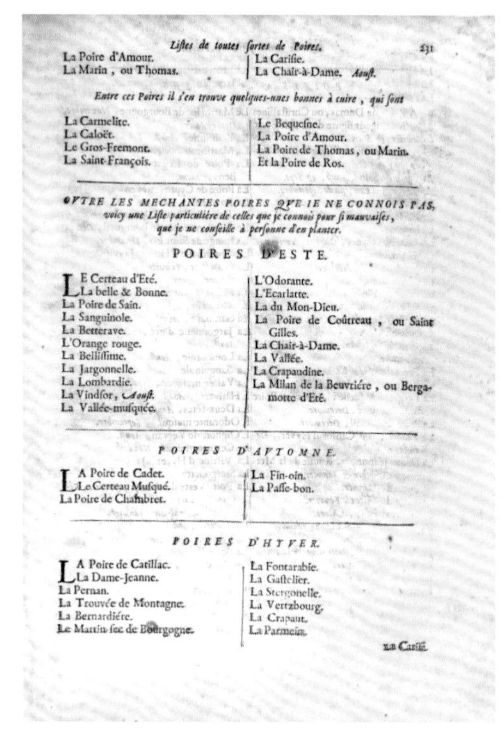
Liſtes de toutes ſortes de Poires. 231

La Poire d'Amour.
La Marin, ou Thomas.
La Cariſie.
La Chair-à-Dame. *Aouſt.*

Entre ces Poires il s'en trouve quelques-unes bonnes à cuire, qui ſont

La Carmelite.
La Caloët.
Le Gros-Fremont.
La Saint-François.
Le Bequeſne.
La Poire d'Amour.
La Poire de Thomas, ou Marin.
Et la Poire de Ros.

OVTRE LES MECHANTES POIRES QVE IE NE CONNOIS PAS, voicy une Liſte particuliére de celles que je connois pour ſi mauvaiſes, que je ne conſeille à perſonne d'en planter.

POIRES D'ESTE.

LE Certeau d'Eté.
La belle & Bonne.
La Poire de Sain.
La Sanguinole.
La Betterave.
L'Orange rouge.
La Belliſſime.
La Jargonnelle.
La Lombardie.
La Vindſor, *Aouſt.*
La Vallée-muſquée.
L'Odorante.
L'Ecarlatte.
La du Mon-Dieu.
La Poire de Coûtreau, ou Saint Gilles.
La Chair-à-Dame.
La Vallée.
La Crapaudine.
La Milan de la Beuvriére, ou Bergamotte d'Eté.

POIRES D'AVTOMNE.

LA Poire de Cadet.
Le Certeau Muſqué.
La Poire de Chambret.
La Fin-oin.
La Paſſe-bon.

POIRES D'HYVER.

LA Poire de Catillac.
La Dame-Jeanne.
La Pernan.
La Trouvée de Montagne.
La Bernardiére.
Le Martin ſec de Bourgogne.
La Fontarabie.
La Gaſtelier.
La Stergonelle.
La Vertzbourg.
La Crapaut.
La Parmein.

La Cariſi.

梨树品种清单，选自《果蔬种植指南，附一篇关于橙树的论文，以及对于农业的思考》1690 年，1756 年由联合书商公司在巴黎出版。

旧制度下的园艺论著教导人们什么品种的水果蔬菜种在自家园子才显得有品味。昆提涅推荐了 177 种梨树，并且根据它们的成熟期进行了分类。17 世纪的果园里，梨树也是最受欢迎的果树。

到不同贵族的支持，甚至“短剪法”（la taille courte）与“长剪法”（la taille longue）的支持者间还爆发了论战。

这些园艺论著给出了详尽的值得种植的果蔬品种清单，并教人们如何更有品位谈论园艺工作，而不要像乡野村夫般粗鲁地说话。1650 年之后众多园艺论著的出版让园艺术语越来越体系化，谈论园艺逐渐成为上流社会中有教养的人必须掌握的能力。这套专门为精英阶层准备的园艺话语体系不仅让园子主人们可以同自己的园丁交流，也帮助园主与顾客沟通，借助这套话语体系，顾客们也能更好地说出自己的需求，更自主地选择、订购以及品鉴果蔬。17 世纪也是法兰西学术院成立的时间，人们对语言的使用更加考究。恰逢此时，这些园艺文献教导人们如何更好地谈论果蔬的品质，并提供了一份推荐种植的果树名录和应当遵循的技术细节。昆提涅因为热衷于把园艺贵族化，列出了一系列不配在果园里种植的梨树品种，以及一些因为过于粗鄙而不适合被有学养之士使用的园艺词汇。就这样，随着园艺工作与园艺术语越来越体系化，尽管园艺依然是一项手头劳作，但是它也逐渐成了贵族们茶余饭后的谈资。

好园丁的品质

旧制度下的园艺论著特别热衷于讨论好园丁应当具备什么品质。昆提涅认为一个“聪明而勤劳”的园丁应当对工作满怀热情、充满好奇心、热爱整洁、性格温顺。对工作满怀热情的园丁干起活来才能不遗余力，毕竟园子里总有树枝要修剪、有杂草要清除、有害虫要消灭；充满好奇心才会去学习新技术，而不会满足于从事重复性的劳动；热爱整洁才能把菜园打理得干净利落，保证没有杂草，把路面耙得平齐；性格温顺才能听从园子主人的安排。除此之外，昆提涅还强调好园丁要有完成园艺工作所需的体力和耐心。

大约一个世纪之后的1775年，神父勒内·勒·贝里艾斯（l'abbé René Le Berryais）在《园艺专论》（*le Traité des jardins ou le nouveau La Quintinye*）中同样要求好园丁要具备这些素质。神父在描述理想园林时说：“理想的园林应当交由这样一位园丁管理，他应当严谨、健康、品行端正、富有学识、勤奋机敏、充满活力、性格温顺，有学习的动力，热爱观察和研究自然，同时热爱且精于钻研自己的工作。”

而且人们认为只有听从主人指示的、顺从的园丁，才会不断学习新技术。人们之所以一直强调主人在教导园丁方面起到了重要作用，是因为旧制度时期人们相信精英阶层出身的主人必然对果蔬种植有很好的品位，而园丁所属的仆人阶层则缺乏这方面的能

原作是夏尔·勒·布朗（Charles Le Brun）参考弗朗索瓦·德波特（François Desportes）作品所画的《儿童园丁（夏季）》（*Les Enfants jardiniers. Été*），挂毯，约1717年由戈伯林手工场（Manufacture des Gobelins）制作，现藏于波城城堡国立博物馆（musée national du château de Pau）。

从这块挂毯里，我们可以看出当时精英阶层的园艺品位，以及他们所喜欢的花坛、菜地和果园的样貌。好的园丁会让园子主人满意，会确保土地肥沃、作物丰产，就像画中孩子攀爬的果树一样硕果累累，或者像另一个孩子浇灌的瓜苗一样结满果实，等待着人们的品尝。

力，所以后者需要前者教导。

从这些对园丁的描述中，我们还得知当时人们希望园丁干些什么活。奥蒂格（Audiger）在1692年的《家务整理》（*La Maison réglée*）一书中谈道，一个好的园丁应当会盾形嫁接和劈接，应当保持花坛的清洁、修剪树木、干旱时给植物浇水，应当提前准备堆肥，给小路除草并且定期重新铺沙，定期给果树施肥、为作物除草、清理池塘，应当了解花卉、蔬菜和果树的相关知识，“应当尽可能保证每个季节都有蔬菜供应”。

园子主人与园丁

所有特权阶级的园子，以及不再恪守教会团体勤劳准则的园子，都会雇用园丁和劳工，教会账簿仔细记录了支付给园丁与劳工的报酬。有时大园子附近还有专门配给园丁的住所，有些也会雇用男性劳动力来打理菜园，一些作者受此启发，写出了相关的淫秽故事。比如薄伽丘（Boccace，1313—1375）的《十日谈》（*Décaméron*，1349—1351）中，第三日的第一个故事就是讲述年轻、强壮而狡猾的园丁马塞托（Masseto）在女修道院里经历的色情故事。

普通百姓在特权阶级的菜园里工作，这样他们就可以交流园艺知识。特权阶级可以接触到当时最新出版的园艺论著，而普通百姓却不曾有这个机会，借用罗杰·沙博尔在1770年所说的话，园艺论著的目的本来就是“用园子主人的标准来指导园丁”，从而将种植卷心菜的乡野村夫变成真正的园丁。不过与此同时，普通百姓也把农民阶层的知识和经验带给了特权阶级，但贵族们所写的园艺论著却没有提及这一点。

《园丁和他的主人》(*Le jardinier et son seigneur*)，马丁·玛尔维(M. Marvie)参考让·巴蒂斯特·乌德里(J.B. Oudry)作品所作的版画，1783年，《拉封丹寓言》(*Fables de La Fontaine*)第四册，寓言四，插图1。

“有一个园艺的业余爱好者，既不算高贵，也不算粗鲁。他在村里管理着一块特别干净的园子，园子四周有围墙和绿篱，园子里长着酸模和莴苣。园子里还有一些来自西班牙的茉莉，以及郁郁葱葱的百里香。有了这些鲜花，玛戈小姐就能在婚礼时制作花束。然而，一只从外面跑进来的野兔破坏了这里的清静。于是园丁开始向他的主人抱怨……”

园丁因此成为特权阶级与农民阶级之间进行文化交流的中介。当然他们并不通过文字交流，而是靠当面的接触与交谈。那些真正对园艺感兴趣的主人会常常同园丁碰面和沟通。当主人住在田间的房子时，他就几乎每天都可以见到园丁。而且合同里常常会给园丁安排一间住所，可能是独立的房舍，也可能是附属的屋子。相比于贵族阶级，资产阶级不那么看重身份尊卑的差异，所以园丁也常常给资产阶级家庭充当护卫，这时园丁和主人的交流就更多了。如果田间的房子与主人城里的住宅离得近，园丁还会经常往城里的住宅运送水果蔬菜。

精英阶层还会把园子里盈余的作物卖出去，此时果蔬商人会来估价，采摘队伍也会来采收。所以，尽管人们常常认为精英阶层的园子是封闭的，是城市之外一块价值甚微的飞地（enclave），实际上它却成了许多本不认识的人们相遇和交流的地方。

园子里的女性

精英阶层的园子里并不是只有男性在工作。勃艮第女公爵玛格丽弗兰德（Flandre）的账目上就记录了妇女从事园艺工作的情况。女公爵除了派遣妇女到树林里寻找草莓外，还让她们给菜地除草，采摘蔬菜和花朵，这些工作需要人们心细和灵巧，而不需花费很大力气。在 1379 年的账目里，给除草女性支付报酬的记录有 188 天，而给男性的只有 14 天。在中世纪图像中我们很少能看到除草的工具，但是经常能看到铲子、镐头或耙子，因为除草的活大部分都是由女性来干，而中世纪图像又很少表现女性干农活的场景。

资产阶级或贵族家里的优秀园丁必须是已婚的。园丁的妻子应该确保她的丈夫行为检点，这样才能维持菜园里的良好秩序。昆提涅认为女性“能确保园艺工作的完善并让园丁过上美好生活”。当园丁和他的儿子们从事更繁重、紧急和重要的工作时，园丁的妻子可以帮忙分担一些简单的农活，如扫地、耙地和松土。当丈夫不在家或者生病时，妻子可以代他管理菜园并吩咐每个园丁做好本职工作。她还会及时采摘成熟的水果蔬菜，以防它们烂在地里。”

但女性并不是父亲、丈夫或兄弟的替代品，实际上她们才是菜园的灵魂。因为菜园同家庭息息相关，所以在西方传统中无论是农民阶层还是精英阶层，菜园一直被认为是女性的领域。博纳丰的《法国园艺师》是第一本现代园艺论著，而它就是写给优雅女性的，而不是写给男人的。至于《巴黎家政》这本书，这是一位老人晚年写给他年轻妻子的，主要讨论道德修养以及家庭经济管理，里面有一部分专门讨论园艺。老人指出，完美的妻子必须懂得如何打理菜园，如何管理和监督在那里工作的仆人。因此老人仔细交代了各项工作的注意事项以及时间，比如播种、栽培和收获的日期，疏剪莴苣的必要性，移栽南瓜和卷心菜时适当的株距，以及采摘蔬菜的方法（为了保证日后蔬菜持续有产出）等。作者还向我们描述了中世纪末期的草药园在女主人的悉心照料下生机勃勃的样子，草药园里面种着卷心菜、韭葱、芥菜、南瓜、豌豆、蚕豆、莴苣、茴香、酸模、滨藜、菠菜等蔬菜，牛膝草、墨角兰、欧芹、鼠尾草、琉璃苣、龙蒿和迷迭香等香草与药用植物，以及百合、玫瑰、牡丹和紫罗兰等花卉，另外还有覆盆子和醋栗等浆果。

菜园和小型家庭养殖业一般都由女性来打理。在左拉的小说《土地》（1877）中，当弗朗索瓦兹和丽兹的父亲去世后，两位单身的女儿就在叔叔的建议下，把农场的土地出租出去，这样一来就

《克里斯蒂娜·德·皮桑耕种菜园》（*Christine de Pizan cultive le jardin*），荷兰彩色插图，1475年，选自克里斯蒂娜·德·皮桑所写的《女性之城》（*La Cité des Dames*），现藏于伦敦大英图书馆，编号：Ms. Additional 20698, f°17。

在中世纪的插图里，很少能看到女性园丁。这张插图中，篱笆圈起了菜园，里面一个女园丁正拿着锹，在她的女主人面前挖土。这张画表现的其实是“发问之镐”（la pioche d'Interrogation）的故事，在《女性之城》第八卷的开头，“理性”女神（Dame Raison）对克里斯蒂娜·德·皮桑说：“起来吧，我的孩子！不要再等待了，让我们即刻出发，前往文学的领域，正是在这个肥沃的国度里，女性之城将被建立起来……拿起你的智慧之镐，好好在这里挖掘吧。”[1]

1 《女性之城》属于最早的一批女性主义文学作品，在这本书中，克里斯蒂娜·皮桑描绘了一个寓言式的社会，在其中，女性凭借其精神的富足过着高贵的生活。

布里孔特罗贝尔（Brie-Comte-Robert）的《女子园艺学校，女孩在菜园里劳作》（*École d'horticulture pour jeunes filles- Travaux dans le potager*），19 世纪末 20 世纪初，明信片。

农村菜园常常由女性打理。女性需要做很多农活，包括播种、栽培、除草、浇水、收割等。好的妻子需要知道如何更好地管理菜园，以及与菜园密切相关的小型家庭养殖业。女子园艺学校通过教导女孩如何干农活，顺带告诉这些未来的妻子与母亲如何管理家庭经济，如何保障家人的饮食健康。

有男性来耕种和维护这片土地了。另一方面，两姐妹为自己留下了科利奇和布兰切特两头乳牛，驴子热代翁，以及半英亩的菜园。两姐妹给自己保留的劳动事项就是农村女性通常会从事的农活种类。丽兹重新开始种植蔬菜、给豌豆除草……但当需要挖地时，她还是得求助于“好心肠的让”。由此可以看出，虽然菜园主要是由女性来管理，但是有些重活还是得由男性来承担，比如犁田、挖坑、砌墙等。纪尧曼于 1922 年写的《佃农的平凡一生》（*La Vie d'un simple, le métayer Tiennon*）讲述了 19 世纪法国波旁内（Bourbonnais）地区一个佃农的生活，里面经常出现男性翻土整地的情节。从中世纪一直到 20 世纪，基本还是妇女负责在菜园里除草、浇水和采摘。比如在弗兰德（Marguerite de Flandre）的庄园里，主要还是由女性来除草。在 1379 年的账目里，少有给除草的男性支付酬劳的记录，但却有 240 天整给男性支付工资的记录。20 世纪的社区园圃有所革新，维护工作完全交由男人来做，包括挖土、播种、栽培、除草和收获的整个过程。但是在现代农村地区，依然是女性在管理菜园。

通过园艺消遣放松

埃库昂文艺复兴博物馆（musée de la Renaissance à Écouen）陈列着一把 16 世纪截枝刀，手柄由珍贵的象牙制成，刀刃带有装饰，是当时精英阶层从事园艺工作时所使用的工具。园艺并非 20 世纪休闲活动，在此之前，一直有人通过园艺工作来消遣放松，但这仅仅局限于少部分精英群体。实际上从古代开始，园艺就成为权贵的一种高雅的休闲方式，直到 18 世纪，园艺文献还是会强调园艺的放松功能，以此证明它的高贵。

有一些权贵阶层是园艺的爱好者。教皇克莱门特六世（Le pape Clément VI，1291—1352）喜欢在阿维尼翁教皇宫（palais pontifical d'Avignon）脚下的花园里散步，那里种着玫瑰、葡萄、菠菜、绿色和白色的卷心菜、牛皮草、韭葱、欧芹、鼠尾草和迷迭香。查理五世（Charles V）、弗兰德、以及安茹的勒内（le roi René d'Anjou）都是中世纪的权贵，他们都喜欢在菜园里种植香草和蔬菜，让菜园既有产出，又可欣赏。查理五世（1338—1380）对于园艺的高雅品位让巴黎的皇室宅邸焕然一新。他在巴黎圣波尔大宅邸（l'hôtel parisien de Saint-Pol）的花园里种满了果树，在卢浮宫的花园里种满了鼠尾草、牛膝草、薄荷、薰衣草、迷迭香、欧芹、风轮草和墨角兰，享受此处的色彩与香味。另外他还派人把彼得罗·克雷森兹的

乔治·弗雷（Georges Frey），《圣赫勒拿岛上的园丁》（*Le Jardinier de Sainte—Hélène*），拿破仑一世的画像，19世纪初，版画现藏于巴黎法国国家图书馆。

这张虔诚的版画把被流放到圣赫勒拿岛的拿破仑·波拿巴（Napoléon Bonaparte）画得如同扮演园丁的耶稣一样，仿佛是在跟拿破仑的支持者们宣告他的“复活”（résurrection）。在这张画里我们又看到了锹以及草帽这些基督教图像志里的常见元素。

著作翻译成法文。

卡佩（capétien）王朝历史上有很多喜欢园艺的君主。根据后人记载，路易八世、路易九世和路易十世都喜欢种植果蔬。塔勒曼（Tallemant des Réaux）在其《历史》（1657—1659）一书中称路易十三为“优秀的果酱制造者与园丁”，还说他特别喜欢种植早熟品种的豌豆。克劳德·摩勒在1652年出版的《园艺故事》中说路易十四以种植果树为乐，尤其喜欢在枫丹白露宫（le parc de Fontainebleau）里种果树。作为皇帝的好臣子，昆提涅也强调说路易十四对园艺颇有兴致。路易十五也对植物学颇感兴趣，并在

查尔斯·安德烈·凡·卢（Charles André Van Loo），《美丽的女园丁》（*belle jardinière*），蓬巴杜夫人的画像，布面油画，约1760年，现藏于凡尔赛宫和特里亚农宫。

对于出身高贵的精英来说，园艺是一项高雅的休闲活动。蓬巴杜夫人既是艺术赞助人，又是国王路易十五的情妇，在小特里亚农宫里她可以体面地当一位“美丽的女园丁”。

18 世纪 50 年代初让人重新布置了小特里亚农宫（le domaine de Trianon）。为了满足路易十五及其情妇蓬巴杜夫人的喜好，小特里亚农宫将植物园、乳品厂、鸡舍、温室以及菜园整合到一起。18 世纪，精英们基于对植物学和农艺学的热情，建立了这座既有观赏价值，又有创新性的园子。

但是，精英们对于园艺充满热情就意味着劳工们有更多苦活要干。莫泊桑（Maupassant）在 1883 年写了小说《一生》（*Une Vie*），里面年轻的德·拉马尔（Paul de Lamare）子爵热爱园艺，“他管着四大块菜地，在里面精心种着生菜、莴苣、菊苣、卷心菜等各种多叶蔬菜。”但干那些农活似乎与他的贵族身份不符，于是他时不时地强迫他的母亲和姨奶奶挖土、浇水、除草和移植秧苗，仿佛她们是女劳工一般。在这篇小说里，莫泊桑讽刺了德·拉马尔对家中女性的残酷压迫，以及他对女主角约娜（Jeanne）的控制。

直到 20 世纪，人们才真正能从农活（挖土、除草、浇水）中得到放松。人们大汗淋漓，只为享受看见蔬菜生长时的那一份快乐。现在的园艺劳作被当成一种消遣，以至于人们可能忘了它曾经被看作繁重的体力活。

贵族菜园的黄金时代

我又回到了我的菜园。这里有20块菜地，周围被围墙环绕，围墙上布满了贴墙种植的果树，形态极为优美。菜园里面还有四个带喷泉的池塘。中间是一座波莫内庙[1]，人们可以在里面享用水果。另外还有温室、瓜园和无花果园，颇受众人称赞。温室群景色宜人，五座耸起的小亭子让两百多米的景致更富变化，白色大理石铺成的水池与喷泉特别养眼，另外还有丰富的时鲜水果供人品尝。

利涅亲王（Prince de Ligne），《贝勒伊和欧洲园林一瞥》

（*Coup d'œil sur Beloeil et sur une grande partie des jardins de l'Europe*，1781）

旧制度的最后两个世纪里，法国精英阶层中间卷起了一股在乡间建别墅的浪潮。贵族阶层、有名望的家族以及富有的资产阶级都开始在农村投资。这些乡间别墅根据地区位置、社会等级以及主人财富水平的不同，都起了不同的名号，但所有别墅都为精英阶层提供了逃离城市的度假胜地，满足了这些城里人从城市转向乡村的品位变化。这些别墅不论建造得多简单，都会和城市里的豪宅一样配上菜园和果园，这些园子既可提供食物，又可供人观赏。十七八世纪的精英阶层都乐于享受这些园子带来的快乐，加上贴墙种植技术的发展以及时蔬的生产，果蔬园逐渐尊贵起来。另外，菜园也是伟大世纪以及启蒙运动时期精英阶层文雅生活方式的体现。菜园甚至还成为一个文明展示自身优越性的方

1　temple à Pomone，Pomone是罗马神话中司水果的女神。

《凡尔赛皇家菜园的透视景象》(*Vue et perspective du potager royal de Versailles*),让·阿弗兰(Jean Aveline)于1680年制作的版画,现藏于凡尔赛高等景观学校(École nationale supérieure du paysage)。

式。试问在旧制度的最后两个世纪里，有名望的客人和外国人来异国旅游不是都会参观王家最著名的果蔬园吗?

精英阶层的园子

对于旧制度时期的绝大多数人来说，园子（jardin）就是菜园。而对于精英阶层来说，菜园和果园都只是园子的一部分。整个园子会更大，里面用围墙分割出一片区域作为菜园或果园，除此之外，园子里还有花坛、小径、草坪和树丛等。17 和 18 世纪，贵族住宅里的各个空间逐渐有了功能划分，与此对应，贵族阶层的园子也同样根据功能进行了空间分割。学者安托万·弗雷蒂埃（Antoine Furetière）在 1690 年出版的《词典》（*Dictionnaire*）里这样解释 jardin 一词，他说，农民的住宅单一，他们的园子也是单指菜园，而贵族的住宅结构复杂，他们的园子结构也更复杂，“根据其不同面积，可能会包括花坛、菜园、果园、树林、小径等不同部分。”

旧制度时期，法国的果蔬园主要有两种样式，其中最引人注目的无疑是分割式菜园。这种菜园的外层围墙里面又有许多围墙把整个地块进一步分割成许多小片区，这些墙体还能起到保护植物和创造小气候的作用。贵族们把空间专业化的逻辑发挥到极致，每个小片区里都种植着不同的作物，比如甜瓜、无花果、芦笋、李子等。位于凡尔赛的皇家菜园就是典型的分割式菜园。1678 年至 1683 年期间，人们在昆提涅的带领下修建了这座皇家菜园。皇家菜园的总面积达 9 公顷，中间是一个大水池，外围有 16 块大菜地，环绕着中央水池，再外围则是 29 个由围墙分割出来的小片园地。

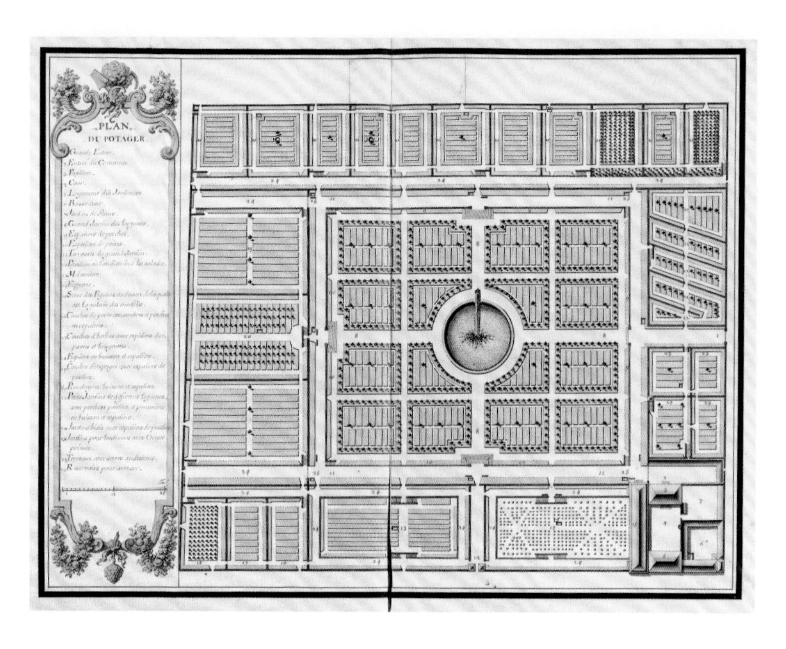

让·乔福里尔（Jean Chaufourier），《1720年凡尔赛宫殿与菜园平面图汇编》（*recueil des Plans des châteaux et jardins de Versailles en 1720*），1720年，现藏于凡尔赛宫和特里亚农宫。

在凡尔赛地区的平面规划中，皇家菜园位于宫殿南北轴线的末端，橘园（Orangerie）下方的位置。国王试图让这个菜园里克服气候条件的限制。它是典型的分割式菜园，围墙里面又有许多围墙把整个地块进一步分割成许多小片区，这样就可以分别控制每个片区的气候与光照条件。这样每个片区就可以种不同的作物，而不用再把它们混种在一起了。

不过，最常见的果蔬园还是只有最外围一圈围墙，围墙里面有规划好的菜地、苗圃与花坛，用来种植蔬菜、香草与浆果。沿着小路种植的果树修剪整齐，突出了小路的走向，外围还有贴墙种植的果树。旧制度时期的菜园并不是只种蔬菜，有可能种蔬菜和矮小的果树，有可能种蔬菜、香草和红色浆果，也有可能只种果树。在昆提涅看来，菜园（potager）里除了种菜，还会培育红色浆果、草莓、覆盆子、樱桃和黑醋栗等。在1692年出版的《菜园新论》（*Nouveau Traité des jardins potagers*）中，最后一章“菜园生产的果实”里就提到了早熟樱桃、黑醋栗、覆盆子和草莓。

昆提涅的肖像，热拉尔·埃德林克（Gérard Edelinck）所作版画，17 世纪。

昆提涅是凡尔赛皇家菜园的建造者，他体现着伟大世纪时期人们对园艺和水果种植的迷恋。去世两年后，他的著作集《果蔬种植指南》出版，这本书的名气让尼古拉斯·德·博纳丰于 1651 年以及勒·让德尔（Le Gendre）于 1652 年出版的新式园艺著作黯然失色。

制图师会用果树和蔬菜的组合表示菜园。在没有图例的情况下，他们会使用一些更直观的标示来意指菜园的具体分割方式。杜潘·德·蒙特松（Dupain de Montesson）在 18 世纪写了数本制图学论著，他提议将菜园分成几个方块，每个方块周围布置一圈花坛，花坛里面种植繁茂的果树和其他高大的树木。为了区分不同的蔬菜品种，他用不同的绿色颜料在方块里勾勒线条，然后再在四周画上正视（en élévation）的树木。巴黎西部的拉罗什－盖恩城堡（château de La Roche-Guyon）为拉罗什富科（La Rochefoucauld）所拥有，在 1741 年的一份城堡菜园平面图中，制图师在方块里使用了不同的颜色来表示不同的蔬菜种类，然后方块周围画了一圈很可能是非贴墙种植或呈扇形种植（en éventail）的果树。

美从秩序中来

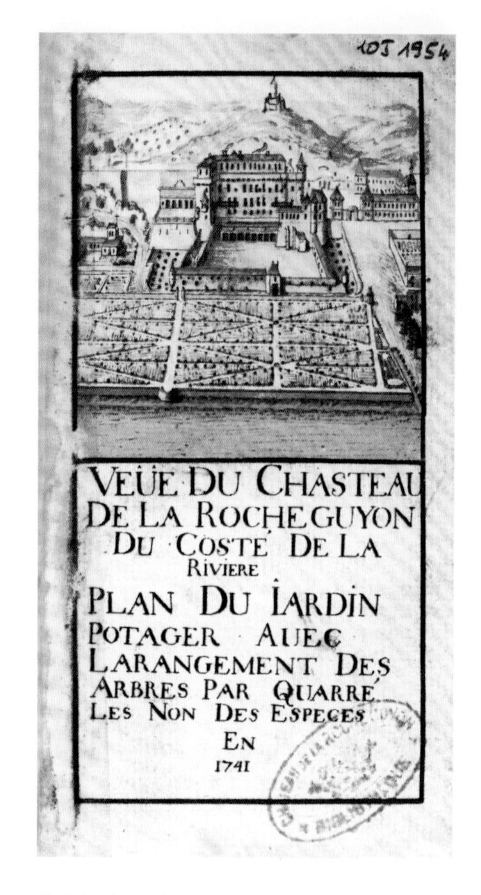

拉罗什盖恩城堡以及城堡菜园全貌，鸟瞰图，1741年。

菜园相对于城堡的位置清楚地说明了这个园子既是生产性的菜园，也是观赏性的花园。这个贵族果蔬园对称、规则、有透视纵深感，里面有池塘、小径和花坛，还有修剪整齐、排列成行的树木，完全符合法式园林的标准。

伟大世纪的贵族菜园追求秩序井然和干净整洁，只有农民的菜园里才会出现不同品种植物混种的现象。乡间别墅以及城市贵族豪宅的菜园为了展现好品位，都会避免把不同种类的果树混种在一起。相比农民菜园，贵族菜园的可用面积富足很多，所以就能更讲究。如果不同品种的果树混在一块，就不能形成统一和谐的树列，而果园美不美就看这一点。在各类贵族菜园(包括非分割式菜园)里，我们都能看到这种果树种植方式。有关果树种植的论著也强烈建议人们沿着同一面墙壁或者同一片方形地块只种植一个品种的果树。拉罗什盖恩城堡菜园种植桃树和梨树的方式也说明了贵族们的这种想法：15 棵冬季品种的梨树单独成列，完全没有和桃树混种到一块。索赛（Saussay）是 18 世纪 20 年代孔代公主（la princesse de Condé）在达内城堡（château d’Anet）的专用园丁，他说得也很明确：

> 种植菜园的时候，不应该把梨树、苹果树、李子树以及其他树木混种在一起，因为这样就失去了规律、特别丑陋，跟农民的菜园差不多。

精英阶层精心建造的果蔬园遵循着法式古典园林的法则，园子里有小径和花坛，整体布局对称有规则，各种元素排列整齐，各处都由人认真打理过。这些小径上铺有细沙，而且人们会定期把它们耙梳平整，这样主人们就可以轻松穿过园子，不用担心像粗俗的“卷心菜种植者”（指农民）一样，在园子里行走时把自己身上弄脏。园子里通常还有一片池塘，它丰富了景致，同时也是灌溉作物时的蓄水池，地形条件合适的话，池塘还会成为排水系统的一部分。园子门口有一扇精心铸造的铁门，上面装饰着铁铸洋蓟纹饰，大方地展示着此处的奢华，人们可以透过铁门一览园内的景色。夏季时分，人们在木箱里种上无花果树、橙树或其他观赏性灌木，用它们来装点花坛的角落或者小径交叉口。根据园子主人的经济能力以及社会威望，园子里还会有其他装饰物，比如水果和花园女神波摩纳（Pomona）和植物之神凡尔坦（Vertumne）的雕像，装饰着果蔬与鲜花的丘比特雕像，放着各色水果的“丰裕之角”[1]（des cornes d’abondance）雕塑，以及用大理石或其他石料做成的长凳与花瓶。伟大世纪的贵族精心装饰着自己的园子，此时是贵族菜园的黄金时代。1680年左右，医生尼古拉斯·德·博内坎普（Nicolas de Bonnecamp）如此这般描述坎佩尔主教（évêques de Quimper）夏日居住的蓝尼昂城堡菜园（les jardins du château de Lanniron）：园子地处奥代（l’Odet）河畔，有三层阶地，每层阶地都布置有整齐的花坛和喷泉，最高一层阶地上种植着“芦笋、洋

1 希腊神话里食物和丰饶的象征，传说可以从中倾倒出取之不尽的食物。

让·朗克（Jean Ranc），《凡尔坦和波摩纳》（*Vertumnus and Pomona*），油画，16—17世纪，现藏于蒙彼利埃（Montpellier）的法布尔艺术馆（musée Fabre）。

凡尔坦和波摩纳的神话既满足了人们对于古代文化的热爱，也满足了人们对于果蔬园的喜好。为了靠近美丽的波摩纳并勾引她，植物之神凡尔坦把自己变成一个老妇人……对于旧制度时期的精英来说，果蔬园既是风雅之地，又是享乐之所。

蓟、辣芹菜、萝卜、婆罗门参（salsifis）、皇家莴苣以及一种口感鲜嫩的珍贵生菜（alphange）”。

将菜园管理得井井有条

普拉德尔（Pradel）的领主塞雷斯在1600年出版的《农业剧场》中极为生动地指出，把菜园打理好，就像把自己家里管理得井井有条一样。宗教战争后，这个理想起到了呼吁民众重新回归和平生活的作用。旧制度时期的最后两个世纪中，精英们对打理菜园充满热情，社会也在回归安定状态。领主们怀着这样的理想：希望能通过认真打理自己的菜园达到自给自足，就像国王靠自己的财政收入为生那样。在这个趋于领地制的社会里，认真打理自己的菜园就是在宣告对自己领地的所有权，换句话说，这可以证明园子主人的社会地位。领主们把乡下领土中自家菜园生产的产品运到城市里，雇用园丁的合同上也常常有运送产品的相关

奥利维尔·德·塞雷斯，普拉德尔的领主，他儿子所画的水彩画，1620年，现藏于巴黎法国国家图书馆。

奥利维尔·德·塞雷斯围绕农业所进行的种种改革使其成为法国农业之父。他写作了《农业剧场》，其中第六章就是关于“园艺”的，而且他把自己领地的农业活动管理得井井有条。宗教战争后，普拉德尔领主的这本农业经济著作起到了呼吁民众回归和平生活的作用。

条款。领主们还会把自己菜园里生产的水果、蔬菜、鲜花，或是果酱、利口酒和蜜饯赠给他人，这些都表明了领主对于自己领地的所有权。

贵族们会用糖浸渍水果蔬菜，用香料调和自制的利口酒，用盐腌制和保存蔬菜，然后对外出售，这些都说明，贵族们将菜园管理得井井有条，绝不只是为了养活自己。理想的贵族菜园不满足于自给自足的状态，还是会与市场建立紧密关联。一方面，菜园会从商业苗圃和种子商那里购买种子和幼苗，另一方面，菜园生产的产品除了供家庭食用或作为礼物赠予他人以外，也会销往城市。这种情况下，菜园就不再是经济贫困或自我封闭的象征，而是财富、社会威望与现代化的标志。

从菜园到“菜园炉灶”

17 世纪，原本简陋的菜园突然成为享有盛誉的法国美食中心。拉瓦莱纳（La Varenne）于 1651 年出版了《法国厨师》一书，这本书首次记录了与文艺复兴菜肴截然不同的法式食谱。精英们享用的这些新式食物的制作流程更依赖法国菜园，我们从以下两方面就可以看出这一点：一是菜园里生产的新鲜蔬菜水果的地位变高了，这一点可能是模仿意大利菜谱的结果，二是人们放弃使用外来香料，取而代之使用本地菜园生产的香料。于是欧芹逐渐统治了法式菜谱，博纳丰也在 1654 年出版的《乡村乐事》中称欧芹为“我们法国的香料”，同时，人们把新鲜的香料放入袋子中，制成“香料包”（paquet），它也渐渐在法式菜谱中发挥越来越重要的作用，我们现在用的香料包（bouquet garni）就是由此发展出来的。

《乡村乐事》的卷首插画，此书由博纳丰于 1654 年在巴黎出版。

1654 年出版的《乡村乐事》是作者 1651 年出版的《法国园艺师》的续作，这本书的卷首插画十分精致，清楚地展示了法国精英阶层所享用的美食与菜园维护工作之间的关联。

美食专著《乡村乐事》是《法国园艺师》的续作，它的卷首插画展示了新式菜谱与菜园之间的紧密关联。在这幅画中我们可以看到一座贵族宅邸的院子，然后四个仆人正从外屋走出来：前景中的一个园丁拿着耙子和铁锹，正要前往菜园干活；在他身后有三个仆人，其中一个仆人端着托盘，上面放着馅饼，另一个仆人端着的托盘上放着肥美的家禽，第三个仆人拎着酒瓶。贵族在享用法式大餐里的烤肉、糕点和葡萄酒时，总是需要菜园里生产的水果、蔬菜与香料。法式美食的乐趣完全离不开菜园，以至于有一种炉灶也被冠以“菜园炉灶”之名，这种炉灶与法式菜肴的成功也息息相关。

“菜园炉灶”是现代烹饪界中的一项伟大的技术创新。这种炉灶最早出现于文艺复兴时期的意大利，17 世纪在法国贵族烹饪界中流

路易斯·莫利隆（Louise Moillon），《水果蔬菜商人》（*La marchande de fruits et légumes*），布面油画，1630 年，现藏于巴黎卢浮宫。

在这幅画寓言式的场景中，水果的好坏象征着品位的高低。如果顾客出身好，就会知道如何辨别出好的水果、欣赏它们的美丽、赞美它们的新鲜，她精心挑选了各式丰富的水果来培育，出身普通的卖家面前篮子里装的就是单调的、容易保存的苹果。二者的品味形成鲜明对比，甚至后者还有一个苹果生了虫！

行起来，到了 18 世纪，城市富裕居民的遗产清单中也记录了这种炉灶。在 18 到 19 世纪，这种炉灶是显赫背景与资产阶级身份的标志。它提供了一种全新的烹饪方式。从构造上看，菜园炉灶是一个用砖或者石块砌成的台子，有时表面还贴着陶片，台子上镶嵌着几口小锅，用木炭来加热。厨师在台子上煨汤、炖菜、调制酱汁，完成所有需要仔细盯着的烹饪工作。它标志着烹饪史上的一个巨大进步，因为菜园炉灶的高度合适，而且人们常常把炉灶放在靠近窗户或者窗户下方的位置（这也有利于灰烬中一氧化碳气体的排出），这里光线充足，让厨师可以更方便、有效地长时间观察每口锅里的情况，分别控制不同锅中的温度，并及时地处理食材。这样，在一个工作台上，厨师就能同时用不同的温度烹饪不同的菜肴，而这是壁炉不可能做到的。

人们将这种炉灶称为“菜园炉灶”，也是对菜园重要性的肯定。虽然精英阶层拥有足够的钱财，能够从市场上购得所需食材，但菜园依然在他们的饮食中占有重要地位。精英们在享用自家果蔬园里生产的蔬菜、水果与香料时，也彰显了自己的学养、社会地位与优雅品位。

对于蔬菜水果的狂热

从中世纪到 18 世纪，法国烹饪专著的食谱里所使用到的蔬菜种类不断增加，历史学家让－路易斯·弗朗德兰（Jean-Louis Flandrin）做过如下统计：14 到 15 世纪的食谱里提到了 24 种蔬菜，16 世纪为 29 种，17 世纪为 51 种，18 世纪为 57 种。人们对蔬菜的喜爱逐渐增加，但并不是所有蔬菜都越来越受到喜爱，比如农民常吃的易于储存的豆类，如豌豆、蚕豆、山黧豆、菜豆、小扁豆等，就越来越受到轻视。与之形成对比，人们越来越喜爱吃那些新鲜蔬菜，比如芦笋、洋蓟、刺菜蓟等（另外还有蘑菇）。人们还喜欢吃那些提早上市的蔬菜，尤其是新鲜绿色的豌豆，17 世纪上半叶还因此出现了一个专门的术语“青豌豆”（petits pois）。人们如此喜欢吃青豌豆，以至于凡尔赛宫里的贵族们甚至出现了消化不良的状况，伦理学家对此大加批评。

这种偏好反映了精英阶层所谓精致的生活状态。他们喜欢吃沙拉、时蔬和鲜嫩的水果，享用清淡甚至没有太多营养的素食，因为他们从来不会担心营养缺乏和食物不足的问题。他们还喜欢吃早熟的蔬菜和反季节的水果，因为他们从来不用像粗俗百姓那样忧虑食物供应方面的限制，这也再次反映了他们作为精英阶层的特殊社会地位。绝大多数普通百姓还在思考如何填饱肚子，所以更爱那些耐储藏的食物。而精英阶层则更爱梨子、桃子、无花果和甜瓜的成熟果肉，这些水果鲜嫩柔软，不需要粗鲁地用力咀嚼，甚至发出声音。

虽然中世纪的饮食文化大大贬低水果蔬菜，但17和18世纪的饮食文化却将某些水果蔬菜与卓越的社会地位乃至人生享受联系在一起。当然，有的水果蔬菜依旧被视为食物匮乏、生活贫苦的标志，比如说萝卜。从17世纪70年代开始，人们不再相信先前的饮食学说，而将菜园种植的水果视为健康食物，人们认为它们对维持和恢复身体健康大有帮助，值得大力推广。

17世纪的人们给梨子起了许多和爱情有关的风雅名号，比如“美好之物”(Bellissime)、“冬季奇观”(Merveille d’hiver)、“爱的宝藏”(Trésor d’amour)、“嫉妒”（Jalousie)、“让人惊叹之物”（Ah ! mon dieu）等。此时，梨、无花果、甜瓜、洋蓟、青豌豆、芦笋，以及糖渍生菜心，都成为供精英享用的美味佳肴。精英阶层的味蕾沉溺于各种水果，比如甜瓜、无花果、梨子，以及启蒙运动时期象征甜蜜生活的桃子等。在指称五感之中的味觉时，西方文化常常会用蔬菜或水果来表示。而且蔬菜水果还常常带有色情意味，比如芦笋和洋蓟常常被视为能唤起男性阳刚之气，无花果被视为能唤起女性的欲望，再比如桃子多汁、皮薄而略带绒毛，所以有时会被人们称为“维纳斯的乳房”（tétons de Vénus）或者“美人儿”（petites et grosses mignonnes）等，这些名字都带有挑逗的意味。神父让·蓬塔（Jean Pontas，1638—1728）在《良知案典》(*Dictionnaire des cas de conscience*，1715）一书中指出，年轻的泰奥德琳德（Théodelinde）吃了过多她父亲菜园里种的水果以及“家里做的果酱”，让人担忧，因为如此贪吃可能会导致她丧失美德。从这些例子中我们可以看出，虽然菜园是一个平静的港湾，一个纯洁的地方，但是它的产品却带有享乐和风流的意味。

关于果蔬园的美好想象

偏僻的乡间别墅配有菜园，这样主人就能在餐桌上一直享用到香草、新鲜蔬菜以及应季的水果，尤其是当他夏季和初秋时节来乡村度假的时候，这也彰显了他的社会地位。但即使是在城市中，贵族豪宅也配备了菜园。城市豪宅离市场近，并不一定要配有菜园，之所以会有菜园，更多是一种经济上的拟古作风。人们认为市场和商品经济污染了某些原初的宝贵价值，只有菜园还保有这些价值。菜园生产的食物融合了人们有关菜园的很多美好想象，比如把家里管理得井井有条的理想、园丁日常工作的情形、在乡村拥有一片田地的愿景、菜园主人拥有的良好品位、在乡间别墅里生活的乐趣、精英们生活的精致等。伏尔泰（Voltaire）在 1759 年出版了《老实人》（*Candide*）一书，这本书邀请人们“好好打理自己的菜园”，启蒙运动还常常讨论品德高尚之人食用蔬菜的种种好处，这也进一步丰富了 18 世纪人们关于菜园的美好想象。

来自菜园的生菜、芦笋和梨子肯定是有益健康的。不过人们究竟应该是生吃这些蔬果，还是必须把它们煮熟后再吃呢？旧制度最后两个世纪的精英们既会生吃，也会熟食水果。来自旺多姆（vendômois）的绅士玛利·杜布瓦（Marie Dubois）是路易十四年轻时的侍从，他讲述了以下故事：

> 国王正和王后一起用餐，所有的女士都在前厅，当有人要水果时，我拿着我的小篮子走上前去，国王身后的大管家贝勒方先

路易丝·莫永（Louise Moillon），《有一篮水果和一把芦笋的静物》（*Nature morte à la corbeille de fruits et à la botte d'asperges*），木板油画，1630年，现藏于芝加哥艺术博物馆（The Art Institute），维特·D·沃克基金会（Wirt D. Walker Fund）。

画里的这些蔬菜水果格外新鲜，果篮里水果的叶子翠绿，青豌豆也尚在豆荚里。水果是刚刚从果树上采摘下来的，豌豆荚和芦笋也是刚刚从菜园运送到厨房里的。这些静物画让精英阶层想到城市豪宅或者乡间别墅里的菜园，这些园子盛产美味的水果蔬菜。

> 生（M. le Maréchal de Bellefonds）对国王说："陛下，杜布瓦先生来了，他想给陛下敬献他种的水果。"国王问我这些水果是否产自我自家的菜园，我回答说是的。于是他挑选了一个梨献给王后，然后自己也吃了一个，说："虽然它还有点绿，但味道很好。"

在生吃梨子之前，路易十四询问这些梨子是否产自菜园。实际上，精英阶层生吃的水果在某种意义上来说已经是"煮熟"（cuits）的了，因为它们是人类在菜园里栽培出来的，所以用人类学家斯特劳斯的话说，是已经由菜园“文明化”（culturalisés）的了。汁液从土壤到树根，再经由树干到达果实，这已经是一次过滤和提纯的过程。然后精英们所挑选的水果一定得是成熟、味道甜美、色彩鲜艳而且口感柔嫩的，这又相当于一次筛选加工过程。所以，如果说烹饪是一种将食物文明化的方式，那么我们也可以把水果种植视为象征意义上的烹饪过程，尤其那些贴墙种植的水果，更是经过了一系列精心加工。不过蔬菜还是不适合生吃。即使在贵族菜园里精心种植出来的黄瓜，人们也认为不应该直接吃。医生认为蔬菜过冷过湿，所以习惯上会先将它们浸泡在盐水中，接着用醋、油、大蒜汁或柠檬汁、盐、胡椒，甚至是糖或融化的黄油进行调味，然后再食用。

果酱的流行

讨论菜园和农村经济的书籍有时会谈及制作果酱的方法，从 16 世纪中叶开始，法国就出现了专门介绍果酱制作技术的著作，而且随后的两个世纪中，这样的专著层出不穷。1660 年出版的《法国果酱商》（*Le Confiturier françois*）与《法国园艺师》、《法国厨师》属于同一波出版物，这三本书的书名里都有“法国”（françois）二字，表明它们同属于法国第一代波旁王朝（les premiers Bourbons）时期的文化体系，而且这三本书都讨论了菜园。

人们对果酱的狂热源于以下几个因素的共同推动：一是人们希望将家庭管理得井井有条，二是人们悉心管理菜园，收获了大量水果蔬菜，三是安的列斯群岛（Antilles）的糖产业蓬勃发展。塞雷斯所著《农业剧场》的第 8 章也是最后一章的标题是“如何烹饪食物”，这一章提供了至少42种制作果酱的食谱。当时的“果酱”（confiture）一词比如今这个词的含义广泛得多，除了果酱外还包括果酒、蜜饯、罐头等。此时制作果酱的原材料包括水果、蔬菜和香草，人们用盐、醋、酒精、蜂蜜或蔗糖腌渍它们。不过在17和18世纪的时候，用蔗糖制作的果酱逐渐成了主流。

制作果酱的工艺让人们可以突破自然的限制，在隆冬时节享用到夏季才有的水果，所以享用果酱逐渐成为优越社会地位的标志。罗伯特爵士（Le Sieur Robert）在1674年出版的《如何款待客人》（*L'Art de bien traiter*）一书中指出，将成熟的水果用糖腌渍保存，“就能让原本非常容易腐烂的水果长时间不腐坏，这简直就是自然界的奇迹，让人不得不惊讶、佩服”。所以最初那些讨论果酱制作的书目常常被视为具有神秘色彩的文献。1555年，既是医生又是占星家的诺查丹玛斯（Nostradamus）在他的《实用手册》（*Excellent et Moult Utile Opuscule*）中记录了果酱制作配方。50年之后，塞雷斯又提供了很多果酱食谱，并指出，这些来自葡萄牙和西班牙的果酱食谱在法国长期以来一直被忽视，因为法国人把这些食谱“当成奥秘和巫术”。

无论是液体还是固体的果酱，都在大型政治宴会的正式餐桌上，或者餐间点心中扮演了重要角色。蔗糖昂贵的成本让贵族追求的奢靡成为可能，糖的甜味让献媚与殷勤更显得顺理成章，也进一步巩固了菜园在享乐领域中的地位。

在西方贵族文化中，一般是由女性来制作果酱，这可能是因为水果和菜园、家庭有关，糖和甜蜜、风雅有关，而这些都是与女性息息相关的意象。优秀的家庭主妇一定会制作果酱，1600年，塞雷斯指出，一位好的家庭主妇会“在她的亲朋好友不期而至时，用各式各样之前制作的果酱款待他们。即使她住在乡野，除了自

让–巴蒂斯特–西梅翁·夏尔丹（Jean-Baptiste-Siméon Chardin），《罐装杏子酒》（*Le bocal d'abricots*），1758年，现藏于多伦多（Toronto）安大略美术馆（Art Gallery of Ontario）。

罐装杏子酒是富贵家庭经常制作的一种果酒，另外一种把碾碎的樱桃核放在白兰地中制成的利口酒也很流行。圆形的杉木盒子里很可能装着水果蜜饯。这些甜食放在一块，让我们不由得把菜园与精英阶层的风流享受联系到一起。

己身边的女仆外没有其他帮手，她制作的果酱也依然既美味又好看，丝毫不逊于大城市里生产的最名贵的果酱”。

许多私人信件和私人笔记也记录了当时精英阶层在家中制作果酱的情况。启蒙运动初期，一位波尔多（Bordeaux）议会议员的妻子拉巴特·德·萨维尼亚克夫人（Mme Labat de Savignac）在乡下用白兰地制作桃子果酱的萨布雷夫人（Madame de Sablé，1598—1678）也以她制作的桃子果酱、桃子罐头、核桃酒和鲜花酒闻名。维莱特夫人（madame de Villette，1679—1750）则从她的乡间别墅给诗人布瓦洛（Boileau）送来了茴香白兰地，这是一种用茴香种子蒸馏得到的白兰地，维莱特夫人还特别说道：“这是我此刻在这样偏僻的乡间，能给你最好的礼物。”（1698 年夏天）

路易十六统治时期，一位巴黎资产阶级女性在日记中提到购买“制作果酱所需要的糖”。旧制度最后两个世纪中，一些精英阶层的死后财产清单中列出了制作果酱所需要的锅、漏勺和炉子等工具，另外，各种或是散落，或是整理成册，或是夹在书籍中的手写食谱也记录了制作果酱、蜜饯、罐头以及果酒（尤其是核桃酒和樱桃酒）的方法，这些材料都证实了旧制度时期的精英们，有利用菜园产的果蔬在家里制作果酱果酒的习惯。这些手抄食谱代代相传，充分说明在法国旧制度时期，将家庭与菜园管理得井井有条的理想绝不仅仅只是一种文学主题，它真真实实地存在于人们的日常生活中。

菜园与有教养的人

菜园不只是一个普通的生产场所，对于精英阶层来说，菜园同时也是花园。安托万·德·库尔坦（Antoine de Courtin）在他

《一对贵族夫妇参观菜园》(*Visite d'un jardin par un couple de nobles*),选自《法国园艺师》里的一幅版画,这本书的作者是尼博纳丰,1651年,1692年由夏尔·德·塞尔西出版社(édition Charles de Sercy)再版。

一对贵族夫妇正在菜园里交谈。男人似乎正在和女人解释园丁承担的工作。园丁正在贴墙种植水果,其中两个园丁顺着围墙墙根挖出坑洞,第三个园丁贴着后排围墙的墙面固定网架。能将菜园管理得井井有条是有教养之人的一项品质,这反映了他的优秀学识和高贵出身。

的《法国文明论》(*Traité de la civilité françoise*,1672)中提到了在菜园里散步的情景。不管是在农村还是在城市,菜园都为人们的社交提供了舒适的环境。在1636年的布列塔尼之行中,杜比松–奥贝奈(Dubuisson-Aubenay)经常参观菜园,其中包括雷恩主教(l'évêque de Rennes)位于布鲁兹(Bruz)的乡间别墅菜园,那里的梨树、桃树和甜瓜非常有名。罗伯特·阿诺德(Robert Arnauld d'Andilly,1589—1674)回忆自己年轻时经常“参观那些有名的菜园,拜访那些以种出美丽水果为荣,并且希望成为这方面专家的人”。安妮（Anne d’Autriche）摄政期间的英国人约翰·伊夫林（John Evelyn），以及17世纪末期的马丁·李斯特（Martin Lister）都参观了那些著名的巴黎园林。17世纪60年代初，贝尼尼（Cavalier Bernin）在巴黎地区雕刻路易十四的半身像，此时他收到了路易·雷纳德（Louis Renard）赠送的水果，并参观了雷纳德在卢浮宫的著名园林。

人们可以在菜园和果园里悠闲地参观欣赏。园子主人或者园丁接待来访的客人，客人在园子里品尝新鲜的水果或者蜜饯，看看园子里栽培的新品种果蔬，欣赏那些最稀奇古怪的植物，感慨人类对大自然的驯化与征服，学习修剪果树与灌木的技巧，赞美园丁的优秀技术、园子主人的良好品位以及园子的丰饶产出……在普索特（Pussort）府邸的园子中，马丁·李斯特赞美那些贴墙种植的果树被打理得很好，但又惊讶于那些已经开花的桃树为什么还未修剪。他就此询问园丁，园丁是个行家，他回答说：“只有在桃树开花后修剪桃树，才能提高果实的品质。如果提前修剪，桃树就会结出太多果子，导致每个果子的质量反而不高。”而早在50年前，罗伯特·阿诺德（Robert Arnaold）就已发现：“没有人不谈论果树，只有那些没有土地的人才不种植果树，但即使是这些人也会谈论果树，会为了别家园子里种的果树、结的水果而感到高兴。”

被驯化的自然

对于旧制度时期的精英们来说，打理菜园的一大乐趣在于对大自然和气候条件的征服。有关果树种植的论著特别热衷讨论对灌木的修剪（把它们修剪成圆球形）、贴墙种植技术以及非贴墙种植技术。17世纪园艺论著的作者们讨论修剪果树，不仅是因为这项工作可以改善果实产出，还因为这样可以让树木更好看。伟大世织的精英们更愿意看到由园丁精心修剪得整整齐齐的果树，而不是在自然状态下肆意生长的树木。精英们之所以喜欢贴墙种植果树，一方面是因为他们希望吃到时鲜时令的、口感鲜嫩的水果，另一方面也是出于审美方面的考虑：他们更喜欢看到被人力驯化的、强烈秩序化的景观。

精英们有用人力驯服和控制自然的理想，所以才会试图提前或延长果实的成熟期、采摘早熟的青豌豆、在卢瓦尔河以北种植甜瓜，另外，凡尔赛宫的建立以及米迪运河（canal du Midi）的挖掘也是受到这种理想的影响。贴墙种植的果树被绑缚得井井有条，完全符合园子主人的安排，这背后其实是领主希望对其领土上各种事物任意命令和规定，这和君主治理自己的国家同理。所以将菜园管理得井井有条也是一种政治理想的折射，写给精英阶层的园艺专著其实也是关于管理和教育平民百姓的指导：让社会逐渐安定，让百姓逐渐文明，可以始于把菜园管理得井井有条。

贴墙种植果树和体能训练

精英阶层有规训人类身体的文化传统，而他们又痴迷于贴墙种植果树，这二者间不无关联，因为贴墙种植的果树其实就是园艺世界中被训练的“身体”。人们会把果树人格化，会说园丁在“培养”“训练”“管理”和“糟蹋”果树，反过来一些教人礼仪的书也会拿植物来喻人，在图像中用植物代表人。教人礼仪的书会告诉人们什么样的行为是合适的，手势、目光和姿态应当如何才得当，类似的，园艺专著也会制定一系列标准，规定如何排列植物、修剪果树、挑选幼苗等。教人礼仪的书有很多，园艺专著也有不少，它们都有共同的目标，就是编定、展示和教授合宜的外貌形态。一个人的行为举止透露着他的素养，一个管理得当的菜园也展示着主人的优秀品位和良好性情。这样看来，管理菜园就不仅仅是私人家务，它同样与主人的社交息息相关。菜园展示着主人的学养，理想的菜园应当是一个看起来优雅整洁的菜园。

那些前来参观的贵族们，通过菜园的样貌了解园子主人的秉性，判断他是不是一个有修养的人。所以即使是那些靠征税富裕起来的让人讨厌的农场主，也会试图通过贴墙种植的好看果树，让人们忘记他财富来源的不高尚。精英阶级们都会认真经营菜园，蒙马特（Pâris de Montmartel）所拥有的布鲁诺伊城堡（le château de Brunoy）以其菜园和温室著称，农场主布勒（Bouret）所拥有的十字喷泉城堡（Le château de Croix-Fontaine）也靠其巨大的菜园闻名：这些菜园由围墙隔开，然后围墙上贴种着果树。法布斯（Fabus）是巴黎财政区的土地与林地总管，他在蒙日龙（Montgeron）的豪宅也配有一个菜园。德扎利埃（Antoine-Nicolas Dezallier d'Argenville）在他的《巴黎周边游》（*Voyage pittoresque des environs de Paris*，1762）中引用《奥德赛》（Odýsseia，1614）来描述法布斯的菜园："这个华丽的菜园有 12 英亩，分成三部分。中间有一个大池塘，两侧又有四个小池塘，池塘间用围墙分割出六个小菜园，围墙上又贴种着果树，置身其中，仿佛是置身于《奥德赛》中的阿尔基诺斯园。"

敬献菜园里生产的果蔬

1671 年 12 月，莫里哀（Molière）向君主和朝臣呈献了自己的小说《埃斯卡巴雅伯爵夫人》（*La Comtesse d'Escarbagnas*，1671 ）。书中莫里哀嘲弄了当时人们敬献一篮自家菜园所产水果的做法。书中埃斯卡巴雅伯爵夫人的情人蒂博迪耶（Tibaudier）先生是昂古莱姆（Angoulême）地区一位富裕的资产阶级，他给伯爵夫人送了一

卡拉瓦乔（Le Caravage），《拿着一篮水果的小男孩》（*Jeune garçon avec une corbeille de fruits*），布面油画，约1593年，现藏于罗马博尔盖赛美术博物馆（Galleria Borghese）。

赠送一篮自家生产的优质水果，是一种颇受人赞扬的有修养的行为，在旧制度时期更是常见的献殷勤的方式。朝臣会给君主送水果，男人会给爱慕的女子送水果，待审判的人还给法官送水果。

篮威廉斯香梨（poires Bon-Chrétien），果篮上还有一个便条。伯爵夫人是个附庸风雅的外省人，她自信于自己的头衔、特权以及自诩在巴黎学到的良好礼仪，赞美情人蒂博迪耶的做法符合宫廷习惯："这位蒂博迪耶先生让我高兴坏了，他知道如何同像我这样高贵的人相处，做事恭敬有礼。"结果在伯爵夫人大声朗读便条的时候，戏剧性的一幕发生了。这张本应该满是殷勤赞美之词的便条上赫然写着："这篮没有熟的梨子又青又硬，就像夫人的那副铁石心肠，她更应该饱受折磨（poires d'angoisse）而不是收到威廉斯香梨。"[1] 这位实际上并没有受过太多教育的伯爵夫人没有读出便条上文字的嘲讽语气，她依然觉得这份礼物很合礼仪，于是说道："这个说法真叫人开心！"而在场的其他人都和读者一样，意识到了伯爵夫人的愚蠢。

莫里哀的小说强调菜园在伟大世纪精英阶层生活中占据了重要地位，它参与到了有教养之人的社交生活中。17 世纪的园艺论著也是这样说的，许多书都提到了把菜园生产的果蔬当作礼物。博纳丰在《法国园艺师》开篇致优雅女士的信中，鼓励人们经营菜园，因为菜园让主人有礼物可送："菜园第一个也是最值得称道的好处是，当你特别需要感谢或者赞扬某个人时，不管他是谁，你都可以把菜园种出来的水果蔬菜送给他。"《皇家园艺师》（1661）的作者神父戈伯林（l'abbé Gobelin）同样赞美菜园，因为"它生产出了又大又好看的梨子，可以作为礼物送给朋友和伙伴"。昆提涅尤其指出威廉斯香梨深受人们喜爱，"而法国的菜园生产了非常多的威廉斯香梨，名声在外，当人们想送水果作为礼物时，威廉斯香梨是不二之选"。

菜园生产的水果、蔬菜或鲜花可以献给男人，也可以献给女人，

1 这里是个文字游戏，poires d' angoisse（折磨）与 poires Bon-Chrétien（威廉斯香梨）相呼应。

《园艺师的服饰》(*Habit de jardinier*)，尼古拉斯·德·阿尔梅桑(Nicolas de L'Armessin)所作版画，大约1700年，现藏于巴黎卡纳瓦莱博物馆(musée Carnavalet)。

阿尔梅桑利用不同职业的生产工具和产品创造出一系列体现不同职业属性的虚构服饰版画，这里展示的是一名伟大世纪的园艺师，他摆着芭蕾舞步，踩在铺着石板的地面上，肩上扛着园艺工具，手里拿着浇水壶。水果和蔬菜装饰着他外套的底部以及靴子，看起来就像是花边和丝带，一个盛放着异国情调灌木的木箱变成了他的躯干，花盆变成了他的袖口，鲜花从他的帽子里涌出来。

可以献给普通人，也可以献给神职人员；可以献给私密亲朋，也可以献给普通熟人。《法国礼仪》(*Traité de la civilité françoise*, 1672) 中《致读者》(*L'avertissement*) 一文的结尾处是一幅画着一篮水果鲜花的版画，里面有两个梨、一个甜瓜、两个桃子，以及一些百合、郁金香和毛茛。赠送自家菜园生产的水果、蔬菜或鲜花是良好修养的体现，表明了送礼者的真诚和坦率。朝臣给君主、男人给爱慕的女子都会赠送这种礼物，让双方关系更加亲近。在这样的社交中，送礼者和收礼者相互承认对方的社会地位。果篮一般在餐后或餐间作为点心供应，它代表甜蜜与富足，而且它的生产需要克服气候条件限制，对技术要求高，所以果篮体现着贵族阶级的优越身份。送果篮，就表示送礼者承认收礼者的品位好，能尝出梨子是否多汁，以及早熟豌豆是否鲜嫩。与之对应的是，收礼者接受果篮，就意味着他承认送礼者的礼节、素质与涵养。赠送用自家菜园原材料制作的果酱、蜜饯和利口酒也同理。

一个露天的百宝箱

在贵族菜园的一方土地上，人们改造自然、修剪果树、把各种水果蔬菜集中在一起，于是这片封闭土地上挤满了各式各样有意思的植物，果树栽培指南的作者们有时也称同时代的园艺爱好者们为“收藏家”(curieux)。在巴黎和外省，在城市里和乡间别墅旁，都有菜园成为露天的百宝箱。

乍一看，一个梨、一株生菜、一些早熟的豌豆……菜园里的这些东西并不像马达加斯加岛（Madagascar）的贝壳、古老的钱币或者独角兽的角那样稀奇古怪，好像算不上什么宝贝。但是，历史学家克日什托夫·波米安(Krzysztof Pomian)给“珍宝收藏”(collection de curiosités）下了这样一个定义，它是“一组自然或人工物，暂时地或永久地脱离经济循环系统，在一个专门设立的封闭场所中受到特别保护，并开放给观众欣赏”。而这个定义完全适用于17到18世纪的贵族果蔬园。

首先，菜园里的水果、鲜花、蔬菜和草药的确构成了“一组自然或人工物”。不过用“物体”（objet）这个词来描述它们可能还不够恰当，用“奇珍异宝”（curiosité）来形容它们才更加合适。那些早熟或者晚熟的水果，比如个头特别大的梨子，以及有着天鹅绒般质地的桃子，严格说来都算奇珍异宝。不仅如此，园艺爱好者还精于修剪和打理树木，他们凭借这些技术声名远扬，也靠这些技术把果树变成了人造奇观。果蔬园里贴墙种植的果树，以及在苗床上精心培育的植物，就和许多奇珍异宝一样，在自然与人工之间实现了一种综合。

一旦把果树和蔬菜种好，它们就“暂时地或永久地脱离经济循环系统”。这些植物“在一个专门设立的封闭场所中受到特别保护”，因为菜园都会有围栏，就像贵族菜园都会有橘园和温室一样。对于伟大世纪的菜园来说，围墙更是至关重要，因为需要贴墙种植果树。菜园就像是一个百宝箱和微型宇宙。园丁巧妙地利用日升、日落、朝北以及朝南的光照来驯化外来品种，创造微气候来提前或者推迟水果的成熟期。人们使用粪便堆层、玻璃罩以及温室等各种方法来培育早熟的蔬菜，种植那些不太适应当地气候环境的作物。

有的法国菜园集中了来自法国不同地域的植物，就像是一个微型的法国。1652年，罗伯特·阿诺德在菜园里看到来自法国不同省份的梨子，激动不已：“我们不用非得去都兰（Touraine）才能吃到威廉斯香梨，去勃艮第才能吃到阿马多特香梨（amadotte），去普瓦图（Poitou）才能吃到博他耶香梨（portail），去安茹（Anjou）

朱塞佩·阿尔钦博托（Giuseppe Arcimboldo 1527—1593），《四季：夏天》（*Les Quatre Saisons: l'Été*），布面油画，1563年，现藏于巴黎卢浮宫。

阿尔钦博托用水果、蔬菜和鲜花绘制带有寓意的肖像画，从中可以看出，菜园农产品也能在艺术中显得有趣。

才能吃到圣利津香梨（saintlizin）；现在巴黎周边的菜园里就同时种着所有这些品种的梨子。”如果按照当代政治经济学著作的说法，认为法国是世界的一个缩影，那么贵族菜园也是法国的一个缩影。

波米安给“珍宝收藏”下的定义里还说这些收藏要“开放给观众欣赏”，菜园也要展示给观众看，所以人们会根据古典造园法则好好打造和装饰菜园。在凡尔赛的皇家菜园附近，人们在高地或者大门处就能看到菜园里面的风景，画家和诗人常常在此驻足，描绘菜园景色。在乡间别墅附近，人们在房屋二楼就能看到别墅菜园里的景象，所以菜园主人也需要仔细打理菜园。总之，人们不能羞愧地将菜园隐藏起来，而要维持好菜园的外观。

十七八世纪贵族菜园会收集不同种类的水果蔬菜，这也符合当时贵族收集藏品的习惯。跟收集藏品或藏书一样，贵族们在收集水果蔬菜时也会编纂目录，记录种植在苗圃、菜园和果园里的作物。1628年国王派遣到奥尔良（Orléans）的检察官莱克蒂埃（Le Lectier）的果园清单目录有36页，记录了257棵梨树、75棵苹果树、71棵李子树、27棵桃树、12棵樱桃树、10棵无花果树、12棵柑橘树和9棵其他果树，同一种果树都包含不同品种。

另外，此时人们也会借古人之名谈论园艺，仿佛菜园里的作物乃是一件件古董。所有17世纪园艺论著都会提及古代人对于园艺的看法。人们会在论著的序言部分（正文部分则较少）追溯与古代自然科学家科鲁迈拉（Columelle）、加图（Caton）、普林尼（Pline）以及瓦罗（Varon）等人的关联。耶稣会士勒内·拉宾（René Rapin，1621—1687）在1665年的著作中模仿古人维吉尔的做法，用拉丁语赞美法国菜园。但是，古代菜园和现代菜园之间还是有巨大的差别，相比于古人种植的菜园，法国现代菜园在以下三个方面都有明显进步：一是对于花坛的维护工作，二是技术的先进程度（修剪植物的技术、克服自然气候条件限制的技术、贴墙种植技术），三是果蔬品种的丰富程度。

对于菜园的好奇心

在1653年出版的《果树指南》（*Instruction pour les arbres fruictiers*）中，作者勒内·特里克尔（René Triquel）给每棵有名的梨树标注上了梨树主人的名字，有时还标出了梨树所在菜园的位置，仿佛在邀请那些好奇的人亲自去菜园里面看一看："这是布鲁特－博纳（brutte-bonne）梨树，这棵树目前位于希利（Chilly），它的主人是德塞维斯（de Seves）先生。这棵圣－莱津·贝雷（saint-lezin beuré）梨树的主人是弗朗（Ferrant）先生，非常稀有和珍贵，最好贴墙种植。这棵是埃斯特兰吉隆梨树（Estranguillon），品种优良，目前种在圣马尔索郊区的戈贝林（Gobelins du fauxbourg Sainct Marceau）……"值得好奇的人参观的，不仅是贵族的菜园，还有资产阶级和菜农家的菜园。17世纪，议会律师亨利·索瓦尔（Henri Sauval）建议感兴趣的人去参观弗朗索瓦·泰维宁（François Thévenin）家的菜园。他是一位著名的眼科医生，也是一名皇家普通外科医生，住在黎塞留（Richelieu）街尽头，他的菜园之所以值得参观，是"因为泰维宁先生本人风流倜傥，而他种的水果也品质高、个头大，十分稀有"。出版于1692年的《巴黎地址簿》（*Le Livre commode contenant les adresses de la ville de Paris*，1692）推荐人们去参观一位名叫博杜安（Baudouin）的菜农种的菜园，因为他"无比成功地种出了各式各样早熟的蔬菜水果"。各种各样的指南、园艺专著和旅行报告为人们列出了巴黎、外省乃至国外值得参观的菜园。即使是在乡村，一个神父菜园或者别墅菜园也可能成为村民们前来欣赏的露天百宝箱。

不过同时代也有人批评菜园主人过分追求奇观。塔勒曼就批评罗伯特·阿诺德“过分求奇求怪，以至于在昂迪伊（Andilly）的菜园里种了三百多种梨子，根本就吃不完”！昆提涅也反省自己缺乏判断力，他知道“渴望拥有所有种类的水果是一种顽疾，因为人们根本没有意识到这是病，反而觉得这个愿望具有无穷无尽的吸引力”。当然也有人在种菜时走向另外一个极端。拉布鲁耶在《性格论》（*Les Caractères*，1688）一书的“时尚”（de la mode）一章中批评“有些种水果的怪人痴迷于只种一个品种的李子”！圣西蒙公爵（duc de Saint Simon，1675—1755）也嘲笑纳瓦耶元帅（maréchal de Navailles）的做法，当科尔贝尔（Colbert）把他在索镇（Sceaux）的庄园送给纳瓦耶时，他“在菜园里只种菊苣而不种任何其他东西”。圣西蒙公爵还嘲笑埃斯特雷元帅（maréchal d'Estrées）在楠特伊（Nanteuil）也“疯狂地种同一种蔬菜”。

法国大革命时期的贵族菜园

贵族花费了大量人力财力精心维护城市豪宅和乡间别墅里的菜园，这些菜园已经不是单纯的生产空间了。从所使用的技术以及所体现的价值观来看，贵族菜园已经是一个充满现代性的地方，这里展现了法国的文化、法国人对大自然的征服、精英阶层的考究、贵族的高雅以及人类对世界一种居高临下式的态度。但在18世纪，贵族菜园逐渐不再是精英们超越和战胜自然的体现，反而成为他们反自然的象征。卢梭在《爱弥儿，或论教育》（1762）的开篇将当时对于儿童反自然的教育方式，与菜园里人们对于自然的强迫进行了类比：

“造物主创造的一切东西都是好的，但一旦到了人类手上就会变坏。人们强迫一块土地滋养另一块土地上生长的东西，强迫一棵树结出另一棵树上的果实；人们搅乱了气候、环境和季节……人类不希望有任何东西是自然而然的，甚至连人类自己也不放过。”

在18世纪的最后几十年里，昆提涅成了不实用、不自然的贵族园艺的代表。对于革命议会（les assemblées révolutionnaires）来说，把菜园管理得井井有条的塞雷斯才是法国农业之父。18世纪下半叶，园艺论著逐渐朝着更加平实的风格发展，逐渐减少文学性的辞藻，也不再过分关注园艺的享乐功能，而更多考虑菜园的实用性，更欣赏那些老老实实把菜园打理好的人。布勒托内里（La Bretonnerie）于1784年出版了《果园学院》（*École du jardin fruitier*）一书，希望能“给自己的同胞带来一些实际的效益”。他反对以凡尔赛宫为代表的贵族式园艺，而对蒙特勒伊的桃园墙则大加赞赏。1814年，有人给内政部长写了一封陈情书，斥责那些在奢侈之风下培育出来的种种怪异植物，包括“为了观赏而拦腰截断的、修整成纺锤形的、绑在墙上的、故意矮化的果树等”。

以上批评说明贵族菜园确实是贵族文化的重要组成部分。不过19世纪并没有与代表着名望的贵族菜园彻底决裂。精英阶层的菜园装备上温室，用上铁与玻璃等新材料，最终成功融入19世纪工业革命所塑造的现代社会中。

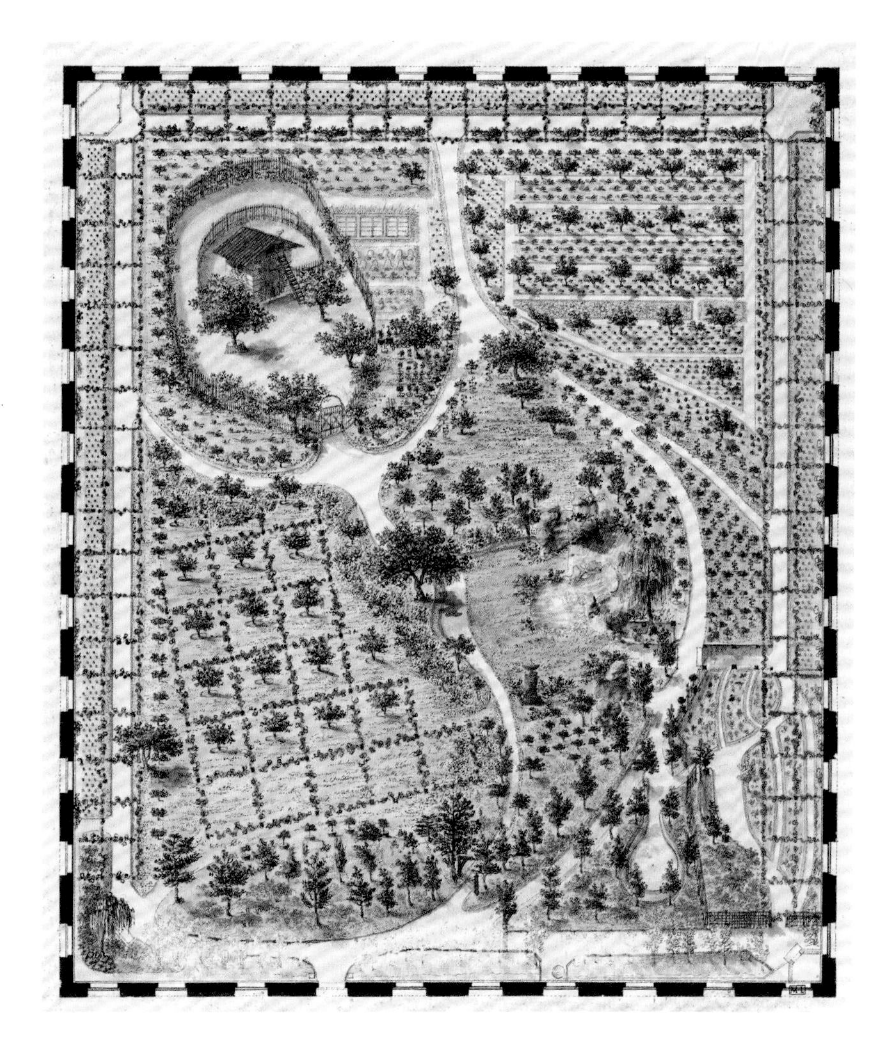

巴黎荣军院（L'hôtel des Invalides），果园、菜园和花园（jardin fruitier, potager et d'agrément），亚历山大－西奥多尔·布龙尼亚特（Alexandre-Théodore Brongniart le père）所画布局图，17—19 世纪，现藏于巴黎卢浮宫博物馆，图形艺术部（département des Arts graphiques）。

在这张根据英国风景园林建造新准则绘制的荣军院园林布局图中，建筑师亚历山大—西奥多尔·布龙尼亚特没有忘记菜园。平面图里，菜园、果园和花园完美地融合到一起。在蜿蜒的小路和“自然”生长的树木之间，菜园和果园依然被规划得秩序井然。

神父菜园

—我给你准备了一个惊喜!
—什么惊喜?
—你的神父菜园。我先是种了一片生菜，然后又种了韭葱，之后我想起你的妻子喜欢四季豆，就又种了四季豆……于是菜园越来越大……
—里面还要种西葫芦、南瓜、嫩豌豆（pois mange-tout）和醋栗。还要建一个石头围墙，这样人们就能坐在上面休息，干燥的时候蜗牛也能有地方躲藏[1]。

亨利·库埃克（Henri Cueco),《同我的园丁交谈》
（*Dialogue avec mon jardinier*，2000）

提到神父菜园，我们首先想到的就是一个种满鲜花的菜园，里面长着味道和名字都已被遗忘的古老水果，还有先前贴墙种植的果树，而现在墙垣已经残破。沿着用细沙铺成的小径往前走，能看到一处花架和蔬菜，有萝卜、卷心菜和甜菜等，还有香料、药草和玫瑰，更远处有几级破旧的台阶、一个位于百年古树下的残破石凳和一扇带着生锈铰链的铁门，周围还萦绕着蜜蜂的嗡嗡声……这里曾经是一片平静安详的世外桃源，远离世俗的纷纷扰扰，神父菜园里，人与自然亲密无间，仿佛一切都会永远这样进行下去。这种想象把神父菜园理想化、神秘化了，它只存在于工业化、城市化和农业人口外流之前的黄金时代。那么，历史中的

1　干燥的时候蜗牛喜欢躲在围墙缝隙中，等湿润的时候再出来活动。

托马・库蒂尔（Thomas Couture），《维利埃勒贝尔的教士住宅》（*Presbytère de Villiers-le-Bel*），布面油画，19 世纪，贡比涅（Compiègne）的贡比涅城堡（château de Compiègne）。

神父菜园究竟是怎样的？首先毫无疑问，旧制度时期的神父也迷恋园艺，而建造菜园本来就是教会的传统，所以神父顺应这种习惯修建菜园也是意料之中。因为不同神父往菜园里投入的精力不同，他们之间的经济水平也有差异，所以神父菜园并没有一以贯之的特征，总体来看，神父菜园各方面的水平大致处于农民菜园和精英菜园之间的位置。另一方面，虽然不同神父菜园在景观、技术和经济方面各不相同，但关于神父菜园却有非常一致的说法。特伦托会议（concile de Trente，1545—1563）旨在帮助天主教抵抗马丁·路德宗教改革带来的冲击，这场会议之后出版的所有关于教会礼仪的著作都强调，一个理想的神父也应当是一位优秀的园丁。因此，与其说神父菜园是一种特定类型的菜园，不如说是特定宗教话语与宗教行为方式的产物。

神父园丁

想了解旧制度时期神父对于园艺的看法，我们有很多资料可以参考。首先是神父们撰写的园艺论著。来自诺曼底（Normandie）海诺维尔（Hénouville）教区的神父勒·让德尔（Le Gendre）在园艺方面享有很高声誉，以至于他的同时代人都认为1652年出版的《栽培果树的方法》是他写的。这说明一个神父可以凭借其园艺技术出名，跻身有名望的园艺师。《栽培果树的方法》与1651年博纳丰出版的《法国园艺师》共同开启了17世纪园艺论著新时代，这些新论著与之前具有神秘色彩的园艺文献不同，它们开始更贴合实际地讨论园艺实践。之后一个世纪里，神父贝里艾斯（1722—1807）在1775年出版了《园艺专论》一书，里面讨论了果树、蔬菜、花卉和观赏类树木的特征及种植方法。神父罗杰·沙博尔因为赞美蒙特勒伊桃园墙而闻名，他是一位狂热的园艺爱好者，著有《园艺理论与实践词典》(*Dictionnaire pour la théorie et la pratique du jardinage*，1767)《园艺实践》(*La Pratique du jardinage*，1770)和《园艺理论》(1771)等作品。对于这些作者来说，园艺(jardinage)一词的释意就是蔬菜与水果种植。

神父安托万·普吕什（l'abbé Antoine Pluche）在1735年出版的《自然奇观》(*Spectacle de la nature*）一书中，借助教会在园艺方面的良好声誉，以一个关心教区贴墙种植情况的神父之口，向年轻的主人公杜布勒伊骑士（Chevalier Du Breuil）介绍种植、嫁接和修剪果树的方法。教士们也是这类书籍的受众之一，这种写法就特别容易被他们接受。很多教士手里有这些书，一些教士的遗产清单里也记录了这些农村经济专著，比如1751年多蒙（Domont）教区神父的遗产清单里就记录了《自然奇观》这本书，1717年塞纳河畔埃皮奈（Épinay-sur-Seine）教区神父的遗产清单里就提到了《新式乡村住宅》(*La Nouvelle Maison rustique*)一书，这两个教区都位于巴黎。很多教士手上还有烹饪书籍，比如布列塔尼地区（Bretagne）的教区本堂神父沙东（Chatton de Pleudihen）手里就有一册1691年出版的《皇家厨师》(*Cuisinier royal*)，而烹饪和菜园是息息相关的。另外，神父钱瓦隆（l'abbé de Chanvalon）在他1764年出版的《乡野手册》(*Manuel des champs*）中讨论了园艺、农业、养殖和烹饪诸多事项，他自称之前是农村地区的神父，希望参考自己的亲身经历，以及之前阅读过的优秀书籍，写出一本简明扼要的农村经济著作。遗憾的是，这些神父撰写的著作往往篇幅不多、容易损坏，所以虽然许多教士的遗产清单中提及这些著作，但实际上我们现在能看到的并不多。

这些神父们撰写的园艺论著藏在教会图书馆里，那么是否真的有人会去看呢？关于这个问题，马耶讷（Maine）吕耶－勒－格拉

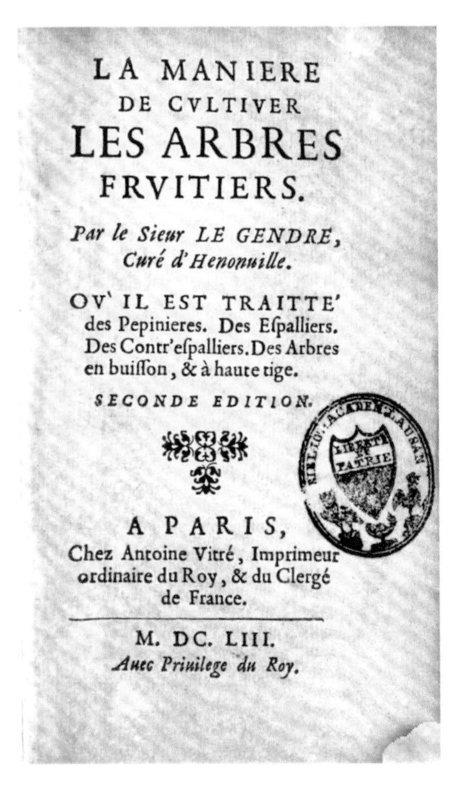
LA MANIERE
DE CVLTIVER
LES ARBRES
FRVITIERS.
Par le Sieur LE GENDRE,
Curé d'Henonuille.
OV' IL EST TRAITTE'
des Pepinieres. Des Eſpalliers.
Des Contr'eſpalliers. Des Arbres
en buiſſon, & à haute tige.
SECONDE EDITION.
A PARIS,
Chez Antoine Vitré, Imprimeur
ordinaire du Roy, & du Clergé
de France.
M. DC. LIII.
Auec Priuilege du Roy.

《栽培果树的方法》(*Manière de cultiver les arbres fruitiers*)卷首画，罗伯特·阿诺德·丹德里，1652年。

《栽培果树的方法》这本书的作者究竟是谁，这个问题目前依然有争议。这本书第一版扉页的作者署名为勒·让德尔神父，这位神父以他的菜园闻名于同时代。《栽培果树的方法》与1651年出版的《法国园艺师》共同开启了园艺论著新阶段，新一批论著与从中世纪到文艺复兴时期具有神秘色彩的园艺文献截然不同。

沃莱（Ruillé-le-Gravelais）教区的神父路易－皮埃尔·劳奈（Louis-Pierre Launay）的经历提供了一个宝贵的材料。1778年，他扩建自己的菜园，并修建了新的围墙，在这个过程中他参考了这些论著。

路易－皮埃尔·劳奈（Pierre-Louis Moreau de Maupertuis）记录说："为了让这片新土地（即沿着新墙的那片土地）之后适合贴墙种植果树，我按照《孤独的园丁》(*Jardinier solitaire*, 1704) 这本书里的建议，从这头到那头挖了3英尺深，这样里面肥沃的土壤才能露出来。"《孤独的园丁》就是一位神父所写，路易—皮埃尔·劳奈采纳了书里的建议。

神父对于园艺的看法

要了解旧制度时期神父们对于园艺的看法，笔记、账本、回忆录和信件给我们提供了最丰富的材料。克里斯托弗·索瓦吉翁（Christophe Sauvageon）写于1700年的手稿详细描述了位于塞讷利（Sennely-en-Sologne）的修道院菜园，用这位教士的话来说："神父的职责既包括对人们灵魂的照顾，也包括对教区房屋及其附属建筑的良好管理。"一些教士的私人文件里很少提及照料灵魂带来的负担，却常常仔细讨论园艺和农业活动的内容，比如吕耶－勒－格拉沃莱（Ruillé-le-Gravelais）教区神父的笔记、雅克－塞萨尔·英格朗（Jacques-César Ingrand，1733—1802）的回忆录以及教区神父弗朗索瓦－伊夫·贝斯纳（François-Yves Besnard，1752—1842）的回忆录都是如此。埃马纽埃尔·巴尔博丹（Emmanuel Barbotin）是瓦朗西纳（Valenciennes）附近普鲁维（Prouvy）教区的神父，1789年他当选为总督府的神职人员代表，从凡尔赛给他的副手恩格尔贝·巴拉特（Engelbert Barrate）写了许多封长信，信中常常提及菜园里要做的工作，比如他很担心园丁有没有把郁金香鳞茎拔出来放在箱子里（1789年6月22日），提醒助手收集菜园里的种子（1789年8月29日），询问是否已经播种冬季里的芹菜和菠菜，建议助手给桃金娘、茉莉花和一棵小橘树做好防冻措施，防止它们在冬天被冻坏（1789年10月4日），提醒助手采摘威廉斯香梨，另外应该重新种植郁金香（1789年11月16日）。从这些信件中，我们不仅能看到巴尔博丹对于菜园的关心，也能看出他对园艺有着深厚的认识，他所使用的词汇、所谈及的技术，以及对于时令的了解，都是非常专业的。

但并非所有教士都会关心园艺工作。莫城（Meaux）圣－莱－德瑞莫（Saint-Jean-les-Deux-Jumeaux）教区的神父让－巴蒂斯特·拉韦诺（Jean Baptiste Raveneau）在1684年心满意足地记下了将墓

圣菲亚克（Saint Fiacre），19 世纪的版画

种植菜园既可陶冶灵魂，又可解决生计问题，它在基督教中一直占据重要地位。中世纪将两大类宗教人员，即生活在修会中的修士以及独自修行的隐士，与菜园种植紧密联系起来。旧制度时期的基督教没有背离这一中世纪传统，并且将第三类宗教人员神父也与菜园关联起来。

地菜园出租给别人所获得的租金，虽然这位神父对天主教改革充满热情，但他似乎不想自己干农活。菲利普·古罗·德·拉·普鲁斯蒂埃德（Philippe Gourreau de La Proustière）从1647年开始担任维利埃勒贝尔（Villiers-le-Bel）教区的神父，1653年至1658年期间他被要求维护和扩大教会菜园，但他对这项工作毫无热情，只是因为这是教会习惯才勉为其难地承担了这项工作。

旧制度时期，顺从被视为一项重要的品质，天主教改革进一步强化了教士们的顺从，因此不管教士们对于打理菜园是满怀热情还是毫无激情，绝大部分教士还是得接下这个活，甚至要将这项工作视为自己的责任，因而神父和菜园之间的关系变得更加紧密。昆提涅等人口中口感硬、汁水少的“神父的梨子”（poire de curé），可能就是那些对园艺工作毫无热情又不得不干活的神父们种出来的。

神父的菜园多种多样

神父们的菜园多种多样，具体取决于不同神父的收入、神父在菜园里的实际投入以及当地社区根据皇家法律分配给神父的菜园面积。位于迪南（Dinan）南部兴格勒（Hinglé）、圣－卡尔内（Saint-Carné）和圣－艾伦（Saint-Helen）三个布列塔尼农村教区的神父菜园，其面积分别为500平方米、1000平方米和5000米，最大的是最小的10倍大！1728到1729年人们对普瓦图地区神父（curés poitevins）的收入进行了一次调查，最后收到了523份神父的答复，其中只有114位神父说自己有菜园，27人说明了自己菜园的面积，最小的只有500多平方米，最大的有12160平方米，其他大多数在760到1500平方米之间。

卡米耶·毕沙罗（Camille Pissarro），《比利时克诺克教堂》（*Église de Knocke*），布面油画，1894 年，现藏于巴黎奥赛美术馆（musée d'Orsay）。

毕沙罗完美地表现出了我们对于神父菜园的想象。画面中，远处是尖顶教堂，近处靠近神父住宅的地方是一片郁郁葱葱的菜园，里面种满了果树、鲜花和蔬菜，特别是漂亮的卷心菜。菜园特别安静、丰饶，仿佛远离了时间的流逝。

不同神父拥有的菜园差异很大。神父马图林·莱斯切尔（Mathurin Lesceur）在 1780 年只有一个很寒酸的菜园，"里面只有几棵不怎么样的卷心菜和韭葱，树篱和灌木都很糟糕"。而巴黎地区格罗斯莱（Groslay）教区的副本堂神父亚历山大·弗勒里奥特（Alexandre Fleuriotte）在 1700 年则有一个非常漂亮的带围墙的菜园。

弗勒里奥特写道："院子围墙旁边种着梨树、杏树和李子树。院子后面有一个大果园，里面种着比较低矮的果树，包括醋栗、葡萄树等，还有比较高大的果树，果园周围也有围墙，沿着围墙种着梨、桃、杏、李子等水果。”

同样是在1700年，塞讷利（Sennely-en-Sologne）修道院的院长拥有一个巨大的菜园，面积约为10000平方米，菜园用栅栏和树篱围住；牛膝草、百里香、草莓和酸模沿着屋旁小路生长；中央大道的两侧和六块菜地的四周都种着果树，另外还有梨树贴墙种植，整整齐齐，十分好看。大约60年后，巴扎达伊地区（Bazadais）普西尼亚克（Poussignac）教区的神父，在一封写于1761年的信中提到了自己在园艺方面的投入：过去15年里，他给自己建了一座住宅，住宅旁边精心修建了一个菜园，里面种了1棵葡萄树、12棵橙树，另外还种了毛茛、风信子和银莲花。

神父菜园里面可以种植各种作物，比如克里斯托弗·索瓦吉奥（Christophe Sauvageon）和神父圣－德努阿尔（recteur de Saint-Denoual）的菜园里种过葡萄等果树、洋蓟和芦笋，谢克（Sciecq）教区神父皮埃尔·路易·皮耶·德·伯顿（Pierre Louis Piet de Berton）的菜园里种过甜瓜、菠菜与生菜，当然还有比较常见的蔬菜，比如卷心菜和韭葱，另外还有香草和药草，比如鼠尾草、迷迭香、薰衣草、薄荷和牛膝草等。其中牛膝草又被称神香草，人们用它做调味品、利口酒，或者泡茶喝。

生产性的菜园

那些住在乡村的神父离市场很远，这时候菜园对他们来说就很重要，因为菜园给他们提供了蔬菜、水果和香草。而且神父还要养活女佣、仆人，有时候还有副本堂神父，甚至是自己的亲戚，然后还要招待客人，所以菜园更显重要。在法国大革命十年之后，那些被重新安置在教区里，但是被剥夺了菜园的神父们纷纷抱怨，强调菜园这个生产空间对自己多么重要。1811年，杜城(Doubs)蒙伯努瓦（Montbenoît）教区的神父说，冬季他需要依靠菜园和家里养的牲口维持生计，因为他住在一个偏远的山区，离市场和屠宰场都很远，而且他还要养活两个副本堂神父。1813年，塔恩－加龙省拉沙佩勒（La Chapelle）教区的神父抱怨自己被剥夺了“菜园这样必不可少的东西。尤其是在贫瘠的乡村，即使花钱也买不到什么菜，就更需要菜园了。”巴尔博丹神父在1789年10月4日的一封信里写道，他为了过冬腌制了很多菜园里生产的蔬菜，包括百里香、酸模和香叶芹。可以看出，菜园为神父们提供了很多食物。

神父菜园不仅能减少教士们在饮食上的花销，而且当他们把吃不掉的农产品出售出去时，还能获得额外的收入。1789年10月，当人们提出要把教士的财产上缴给国家时，神父菜园很快成为大家讨论神父收入时争论的对象。1801年教务专约（le concordat de 1801）签订后，许多神父纷纷抱怨被剥夺了菜园，反映了菜园在经济方面对于教士的重要性。

因此，神父菜园的经济价值不可忽略，而且它常常与其他设施共同组成一个更大的农庄。法国大革命时期对于教士资产的调查让我们得以了解具体情况，许多乡村神父住宅的院子里除了有菜园，还有其他农业设施，包括谷仓、马厩、鸡舍、猪圈、兔棚等，在布列塔尼和诺曼底的神父住处甚至还发现了苹果酒压榨间。除此之外，院子里还有水井、池塘或饮水点，菜园深处还有厕所。

旧制度时期，所有享受俸禄的神父都管理着一处或大或小的农庄，那么他们是否都会亲自下地干活呢？这取决于神父们的富裕程度以及他们的社会地位，不过许多资料都表明神父们会雇用仆

安杰洛·英甘尼(Angelo Inganni),《神父》(*Le Curé*),布面油画,现藏于的里雅斯特雷沃尔泰拉博物馆(Trieste, Museo Revoltella)。

画中的神父拿着烟草,看着旁边正在拔鸡毛的年轻农妇,神情颇为享受,与特伦托会议(le concile de Trente)以来天主教会所倡导的好神父的形象相去甚远!画面前景处昂首阔步的大火鸡是一种贪吃的动物,呼应着神父的圆润体型和黑色袍子。这幅画还提醒我们,乡村教士们常常会养牲畜,而小型养殖业和菜园之间关联紧密。

人和日工。法国大革命快结束时，希里（Silly-en-Multien）教区的神父雇用当地乡村小学教师来管理自己750平方米的菜园，还雇了一位专业园丁来修建种黄杨树的花坛。鲁耶（Ruillé-le-Gravelais）教区的神父有四名仆人，农忙时节还会再请日工来帮忙。南特（Nantes）马勒维尔（Malville）教区的本堂神父在1769年写道，农村神父“至少需要一个仆人来帮他照料马匹，种植蔬菜和买买东西……不然一个因为贫困只能自己去种卷心菜、割草、赶马喝水的神父在旁人眼中是怎样一种形象，他怎么能得到教民们的尊重并反过来给他们指引呢？而且，难道一个神父能一边挖菜园、打扫马厩、购买食物，一边在教堂里听忏悔者忏悔、准备布道、主持圣餐吗？”

18世纪法国民兵抽签条件改革之后，只有“高级侍者”（le principal valet）才可以免于参加抽签（见1765年条例，第2条规定），教士们所雇用的普通仆人不再享有这项权利，这一点引起了教区神父们的不满。神父们于是写信给法国神职人员代表，说自己有菜园要打理，雇用几名仆人完全合理，这些仆人也不应该参加征兵抽签。由此可以看出，有些教区神父经营菜园的方式更接近精英阶层，并不接近农民，他们主要作为菜园主人监管和吩咐仆人劳动，偶尔才会自己动手分担修剪和嫁接树木、采摘鲜花水果和挑选种子等劳动。对于天主教反宗教改革（la contre-Réforme catholique）中那些要求严格的教会来说，教士从事园艺时也必须保持自己的仪态。再有，袍子逐渐成为修士的制服，而它对身体的限制，不太允许教士从事活动量大又有失体面的园艺工作。

园艺作为放松方式

特伦托会议后关于神父菜园的宗教讨论，不再拘泥于《圣经》中提到的，或者教父们所说的有关园艺的隐喻，又或者“基督是灵魂之园丁”这样传统的话题，而是更加关注园艺实践。这些有关教会礼仪的专著在讨论神父（尤其是农村神父）应当如何更好地照料灵魂、过好日常生活时，推荐他们从事园艺活动。1613年出版的《教士忠告》（*l'Advertissemens aux recteurs, curez, prestres et vicaires, qui desirent s'acquiter dignement de leur charge*）受到意大利神父的启发，指出“最适合神父们的放松方式就是打理菜园，尤其是在夏天的时候，适当拿农具干些农活可以陶冶情操，而无任何失礼之处……另外蒸馏鲜花香草也能放松身心”。

1630年凡尔登(Verdun)的议事司铎(chanoine)多农(Dognon)在《优秀神父》（*Le Bon curé ou advis à messieurs les curez*）一书中给出了相同的建议，在第19章讨论神父需要时刻保持勤劳时，他指出：“菜园里的活动对一个乡村神父来说是相当合适的。”他进一步解释说：“现在有一项特别好的放松活动，就是每天花几个小时干园艺活儿。如果正好身处农村，你的教民也都在打理菜园，那么这项活动既不会让人不快，也不会有失体面……把你家的土地分成几小块、修整好，然后在里面种上蔬菜、药材，以及你最喜欢的鲜花。如果附近恰好有水渠，就挖出小沟把水引到菜园里，然后时常灌溉作物，勤加打理，这样，最后你就能感受到收获的喜悦，你种出来的作物将会比其他所有人种出来的都好吃。”

法国大革命前夕，蓬塔利埃（Pontarlier）教区神父、修道院前院长波查（Pochard）在《贝桑松教区神父在告罪亭中指导灵魂以及妥善管理教区的方法》（*La Méthode pour la direction des âmes dans le tribunal de la pénitence et pour le bon gouvernement des paroisses par un prêtre du Diocèse de Besançon*，1783）一书中指出，饭后娱乐对于神父来说是必要的，它可以让神父放松身心、恢复体力，从而更好地完成本职工作。园艺是众多可行的娱乐活动中特别好

拉维尼亚·丰塔纳（Lavinia Fontana），《基督向抹大拉的马利亚显现》（*Le Christ apparaît à Marie Madeleine*），木板油画，1581年，佛罗伦萨乌菲兹美术馆（Galerie des Offices）。

抹大拉的马利亚来为耶稣的尸体做防腐处理，却发现坟墓是空的。她与一个她以为是菜园看管者的人说话，却突然意识到他是复活的基督（约翰福音，20，14-18）。“基督向抹大拉的马利亚显现”是西方基督教圣像画中一个很常见的场景。从14世纪开始，基督就以一个戴着大草帽、拿着锹的园丁形象出现在这些画里，在抹大拉的马利亚面前显现。基督因此变成照看虔诚灵魂的园丁（而在此之前，亚当也曾是伊甸园里的园丁）。

的一种。

神父生活在信众中间，他必须做一个道德上无可指责的模范，因此很多娱乐活动他是一定不能参与的，比如带上枪支和猎犬外出打猎、去赌博、去歌舞厅，和邻居闲聊等。但即使不做这些，神父还是需要放松，此时园艺对于神父来说就是一个很好的选择。菲利普·古尔罗（Philippe Gourreau de la Proustière）建议神父们种树，因为他觉得“一个满是果树的园子能让人愉悦放松”，而且饭后在园子里散步也能减少困倦。雷提福（Rétif de la Bretonne，1734—1806）在他的自传中写道，他的兄弟，库尔吉（Courgis）教区的神父，经常在夏日晚饭后在他的菜园里散步一小时。神父在菜园里除了可以放松身心，还能够沉思冥想。《马太福音》（*Matthieu 6-29*）第 6 章第 29 节“让人们思考田野里的百合花”，所有关于教会礼仪的论著都强调教士们要每日沉思。19 世纪，无论是在图像作品还是在文学作品里，神父在菜园中的形象总是差不多的，他们身穿长袍，手拿小册子，在菜园的小路上行走，或者坐在石凳上阅读思考。莫泊桑在 1883 年出版了小说《一生》，里面对 19 世纪 20 年代诺曼底地区神父的描述也差不多如此：神父比克（Picot）神父“在他种满果树的小园子里读书”。

从事园艺是优秀神父的标志

从法国天主教改革初期到 18 世纪末，无论这些宗教论著是在波尔多、鲁昂（Rouen）、贝桑松或巴黎出版，无论作者是来自巴黎还是来自外省的修道院，所写论著全都建议神父从事园艺。之所以众人的说法如此一致，是因为园艺代表的价值观和天主教改革对神父生活的要求完美契和。

就像教士们倾向把自己的住宅和普通百姓的住宅区分开来，神父菜园也是神父们展示自己特殊社会地位的地方，神父们要在这里表现出作为灵魂之父的尊严，所以，神父菜园一定要与农民的菜园有所区别。特伦托会议后的相关宗教文献以及皇家法律都将教士住宅与其他农村住宅区分开，皇家法令规定一般住宅里不能有谷仓，除非是向教民征收什一税的神父；一般住宅也不应有马厩，除非是大教区里的神父住宅。同理，当神父在谈论自己的菜园时，总会炫耀自己种的时兴的果蔬鲜花（比如梨树、无花果树、芦笋、洋蓟、甜瓜、黄瓜、郁金香等），以及使用的昂贵种植技术（比如贴墙种植果树、非贴墙种植果树以及矮化果树等），而丝毫不提自家菜园里也种卷心菜、韭葱等普通蔬菜。只有在诉诸法律时，比如当自家菜园遭到破坏时，神父们才会列举出这些普通的作物，比如1640年6月23日，蒂亚斯（Thiais）教区的神父控诉自家菜园被人破坏：除了两棵李子树、一棵樱桃树和一棵梨树被折断外，还有八株洋蓟和韭葱也被连根拔起。这样看来，神父菜园常常介于农民菜园与精英菜园之间。

拥有一个菜园，就意味着菜园主人扎根于此，他会为了未来能自给自足而种植和嫁接树木。特伦托会议要求教区神父必须定居下来，所以神父们愿意往园艺中投入时间精力等成本。希里（Silly-en-Multien）教区的神父布尔热（Bourget）说自己正是在当上神父的同一年开始种菜的。反过来，菜园也促使教士们长久地在一个地方居住工作，吕耶－勒－格拉沃莱（Ruilly-le-Gravelais）的一位神父在他的教区工作了21年（1771—1792），雅克－塞萨尔·英格朗（Jacques-César Ingrand）在斯科布－克莱沃（Scorbé-Clairvaux）的乡村教区担任神父25年（1759—1784），当在塞讷利（Sennely-en-Sologne）生活了20多年的神父克里斯托夫·索瓦贡（Christophe Sauvageon）谈论自己种的优质果树时，他说自己是在8年前种下它们的。而且，菜园让神父们在与世俗社会保持距离的同时，又

朱尔斯·亚历克西斯·穆尼耶（Jules Alexis Muenier），《讲授教理的课程》（*La leçon de catéchisme*），布面油画，1890 年，现藏于巴黎奥赛美术馆。

神父菜园也是一个很好的教学场所，神父可以在这里讲授教理。不过画中这个乡村神父讲授教理的场景，我们究竟应该把它看作一个好的教区神父在尽职尽责，还是看成 19 世纪末的共和制背景下，一个愚昧的神职人员在向儿童传授迷信？

不脱离与社会的联系。菜园的围墙保护神父不会轻易受到世俗侵染，当神父需要主持圣事时，他又能走出菜园快速回到自己的信众中间。

菜园是定居的标志，是适宜的放松地点，是高贵身份的体现，是沉思的场所，它反映了把家庭管理得井井有条的理想，以及基督教热情好客的品质，它处于教区中心位置但又远离世俗的诱惑……菜园的这些特征完美符合教会礼仪的要求，因此，教士们纷纷投入到园艺工作中。而且对于那些在教会中工作，但并不乐业的人来说，为了防止旁人的非议，躲到菜园里干农活也是一个不错的选择。这样一来，从事园艺工作就成为优秀教士的一个特征。

修道院极大地促进了这些有关菜园的积极说法的传播。修道院配备有菜园，许多在修道院里学习、致力于未来成为神职人员的学生们在这里感受到菜园的魅力，习惯于把菜园当成放松和沉思的场所。不过旧制度时期，法国的修道院并没有专门教授这些学生如何打理菜园。而到了启蒙运动时期，这样的教学就有了，这种教学旨在让教士成为一名有用的神职人员，开明的哈布斯堡王朝约瑟夫二世（Joseph II de Habsbourg，1765—1790）还在自己国家大力推广这种做法。

优秀的神父农艺师

还俗的沙泰勒罗（Châtellerault）教区神父雅克—塞萨尔·英格朗，在共和历第八年（l'an VIII）撰写了自己的回忆录。他回忆自己从小就被当成一个神父培养，但他对这份职业并不特别热爱，虽然他也认真地完成了这项与人们的灵魂打交道的工作，但他发现自己最大的乐趣并不在于开导他人，而在于开拓田地。在回忆录的结尾，他指出了乡村神父的职责所在，他的观点与启蒙运动强调教士要成为一名有用的神职人员的观点呼应："我在自己的教区中工作了二十余年，从没有人抱怨过我。如果一个乡村神父不努力让自己变得有用起来，开拓、修整和改善自然，以身作则，干些农活，为国家做些贡献，那么他到底在农村干什么呢？"

启蒙运动时期的功利主义观念坚持乡村神父必须要对社会有所贡献，新的好神父形象由此出现，这就是神父农艺师，这一形象也与菜园息息相关。伏尔泰在1764年发表的《哲学辞典》（*Dictionnaire philosophique*）中写道，好神父必须学习足够的法学知识，防止他的教民在诉讼案中破产；必须学习足够的医学知识，以便“在教民生病时向他们提供简单的医治办法”；同时也必须“学习足够的农业知识，以便必要时向他们提供有用的农业建议”。从18世纪60年代起，君主和官员们就试图依靠乡村神父来推动农业发展。1762年5月5日，利穆赞地区（Limousin）总督蒂尔戈（Turgot，1727—1781）给所在地区的教区神父们写了一封信，信中邀请神父们向教民们传播农业方面的“新知识和新技术”。1771年发表在《农业、商业和金融报》（*Journal de l'Agriculture, du Commerce et des Finances*）上的一份关于农民教育的文章提议“神父们在自己的菜园里留出一小块地，用来做农业实验”。

神父菜园位于教区核心位置，神父在菜园里的工作能够发挥重要的模范带头作用。在农村，神父通过向外地商业苗圃购买植物、种植时兴的水果蔬菜，并带动更多的神职人员参与到园艺工作中，把自己的菜园变成了引进和驯化新作物的绝佳场所。路易十六时期，神父劳内（Launay）在他的菜园里试验了三叶草的种植，然后又将其推广到自己的教区。

18世纪，许多教区神父都参与到了推广土豆种植的工作中来，如阿朗松（Alençon）附近萨尔通河畔圣但尼（Saint-Denis-sur-Sarthon）教区的神父科隆贝（Colombet），他还对不同类型的肥料进行了试验。布列塔尼的神父圣德努阿尔对农作物产量以及园艺工具很感兴趣，对此他做了大量实验，希望能够改善土质、了解园艺工作背后的原理。在他自己装订的实验笔记的最后，还夹着勒芒（Mans）农业协会发放的小册子。18世纪50年代，阿热奈地区（Agenais）格拉特洛普（Glateloup）教区的神父对农学很感兴趣，他在自己的菜园里发起了一项实验，向教民们证明对小麦种子进行良好的预处理可以提高产量。神父勒·贝里艾斯（L'abbé René Le Berrgais）

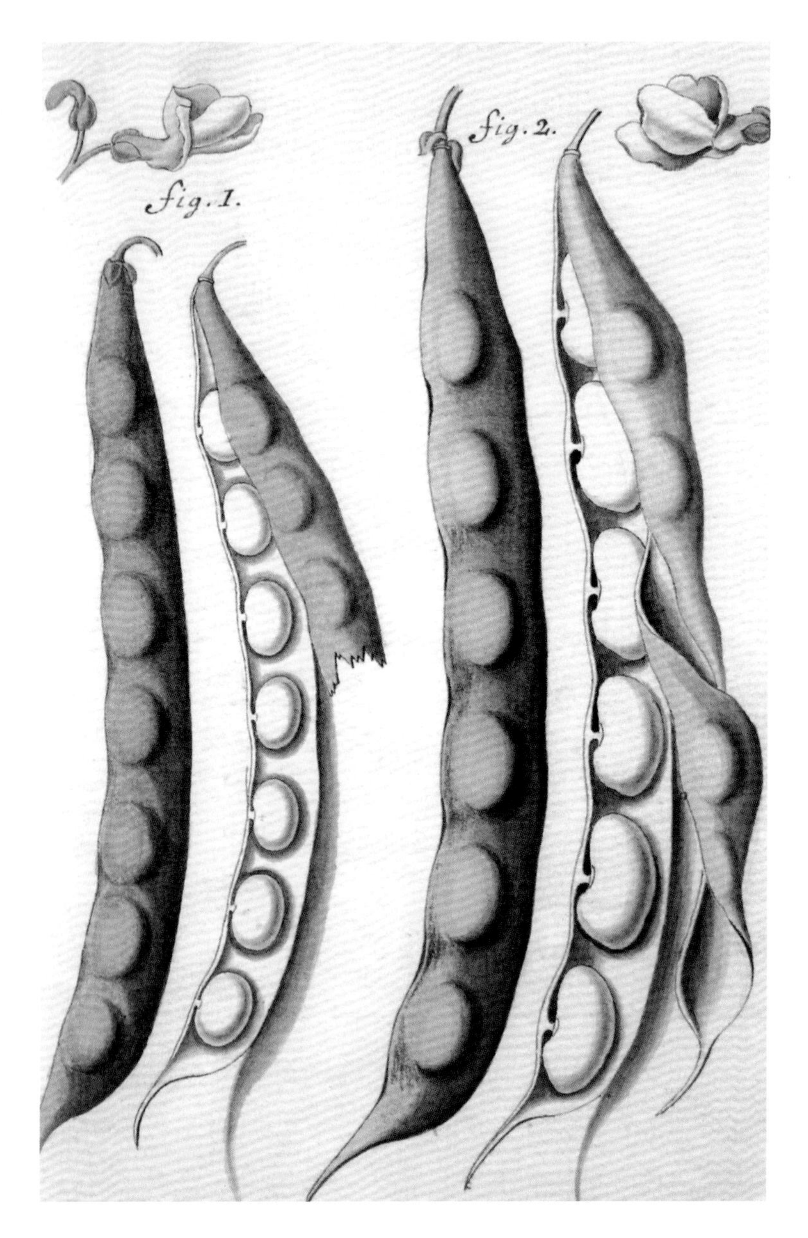

图 1 是小菜豆（Haricot Mignon），图 2 是苏瓦松菜豆（haricot de Soissons），神父勒·贝里艾斯手稿中的第四张插图。

神父里艾斯在 1775 年出版了《园艺专论》一书。他对园艺充满热情，在他生命的最后阶段，他收集了不同品种的豆类，并对它们进行了专门研究。这本书一直是手稿状态，里面附有 49 张彩色插图。

(1722—1807) 在他晚年收集了不同品种的豆类，并留下了关于这些豆类的手写研究报告，里面描述了至少 36 种爬架豆类和 23 种矮生豆类，并附有 49 张彩色插图。普瓦图地区圣戈当(Saint-Gaudant)教区的神父诺伯特·普雷萨克·德拉查奈（Norbert Pressac de La Chanay）在旧制度末期和法兰西第一帝国初期之间的三十多年里，一直在菜园里做实验，研究本地植物的药用价值，特别是白屈菜（chelidonia）、贝母（fritillary）和秋水仙（colchicum）的作用。在农村，为了弥补医生的不足，神父们在治疗人们灵魂的同时也必须治疗人们的身体。很多 18 世纪的神职人员都是像让－雅克·卢梭这样的草药学家。

不过并不是所有神父都乐于推动农业进步，有些神父对种植作物压根没有兴趣，他们的园子完全不种水果蔬菜，而只种鲜花。18 世纪中期，在奥拜朗格多克地区的村庄（le village languedocien des Aubais），管理当地小教堂的神父热衷于植物学，他的两个花园里“种着最稀有和最美丽的鲜花”。作家科莱特（Colette）于 1922 年出版了自传体小说《克洛迪娜一家》（*La Maison de Claudine*），里面有这样一段情节：

> 科莱特那个不信教的母亲西多（Sido）兴高采烈地冲到丈夫面前，大叫道：“成了，我搞定了！”丈夫满脸疑惑：“搞定什么了？神父？”“当然不是，看啊！是神父精心种植的天竺葵的枝条，你知道的，就是那种花朵上有两片深紫色花瓣和三片粉红色花瓣的天竺葵。我搞到啦，我要赶紧把它栽到花盆里……”“你跑到神父那去不是要找他麻烦吗，你说他了吗？”站在阳台门槛上的母亲这时突然转过头来，迷人的脸庞错愕又生气：“啊！不是吧，你在想什么？你什么都不懂。神父不仅给了我他家天竺葵的枝条，还答应之后要给我他家产自西班牙的金银花，就是叶子上长着白色小斑点的那种，你知道

的，当风从西边吹来时，我们在这儿都能闻到他家金银花的香味……”

19 世纪是神父菜园的鼎盛时期

1802 年的组织法（les articles organiques de）在国家与罗马教廷关系正常化（1801 年政教和解协议）后，重新组织了天主教的礼拜活动，并要求各市镇安置那些照看教民灵魂的神父们，因为法国大革命期间国家收缴并出售了许多神父的住宅。组织法第 72 条写道：“尚未转让的神父住宅及其附属菜园应当归还给教区神父以及为教堂工作的人；若这些住宅已经出售，就请各市镇的总委员会为他们重新安排住处与菜园。”市镇也可以向教区神父支付津贴，让他们自己租房住。宗教事务部长于 1809 年发起的一次有关神父住宅的大型调查显示，大多数市镇都会给教区神父分配菜园，没有菜园的神父也会分到。在 19 世纪宗教事务部分发的神父住宅平面设计图中，我们能看到，神父住宅前侧有一个院子，然后菜园被放在住宅后侧，位置很好。在圣－布里厄（Saint-Brieuc）教区和瓦讷（Vannes）教区，19 世纪下半叶就没有哪个神父住宅不附带一个菜园。在《法国政教分离法》（*La loi française de séparation*，1905 年）颁布前夕，法国有 31,536 个神父住宅，也就是说此时法国有同样数量的神父菜园。

19 世纪的许多神父都来自乡村，所以他们愿意从事园艺活动，而且天主教会排斥 19 世纪的现代性，所以也更加强调乡村生活方式的价值。为了抵御现代性中种种“堕落”的现象，20 世纪初由神父勒米尔（Lemire）创办的社区园圃也把干农活视为园圃建设工作的重中之重。19 世纪面向教士的各类报纸还会给教士推荐园艺论著，比如 1825 年的《教士记事簿》（*Tablettes du clergé*）强调路易斯·杜布瓦（Louis Dubois）所写的《简明园艺教程》（*Pratique simplifiée du jardinage*）对乡村教士们特别有用，再比如 1892 年的《圣布里厄宗教周》（*Semaine religieuse de Saint-Brieuc*）对 1892 年新出版的《园艺理论与实践手册》（*Manuel théorique et pratique d'horticulture*）进行了评论。由于神父不再是住宅的所有者，所以他更有责任好好维护这片土地，尤其要管理好种在院子、菜园或邻近果园里的果树。

神父菜园 vs 教师菜园

20 世纪 30 年代初的法国园艺书《特吕弗指南》（*Guide Truffaut*）开篇部分提到各行各业从事园艺的人，却唯独没有提到神父："梦想拥有属于自己的家庭菜园的工人、在阳台上种植花草的家庭主妇、在学校菜园里工作的教师、想点缀自己庄园的园丁、甚至我们园艺和农业大学里的学生，都能在这本书中找到相关的知识……"

这里既没有提到神父，也没有提到神父菜园，但却提到了教师和他在学校里的菜园。而在漫长的 19 世纪，学校菜园不断与神父菜园竞争，并逐渐让后者黯然失色。

19 世纪 30 年代至 80 年代期间，相关法律规定法国各个市镇必须建设一个"校舍"（maison école），这个校舍常常靠着市政厅。公共教育部发布的标准校舍平面设计图表明校舍包含六个不同的空间：教室、操场、院子、厕所、教师及其家人的住所，以及菜园。1860 年，当国家从学校、学生和教师三个层面考察农村小学教育需求时，公职教师们回答说，理想的校园需要有菜园。教师们需要菜园的理由和神父们不乏共通之处，大致包含三个：一是为了放松身心；二是借助菜园教育孩子，包括教男孩农业知识，教女孩菜园相关的家庭经济管理知识；三是给学校餐桌提供食物，改善学校的经济状况。1879年，《教师菜园》(*Le Jardin de l'instituteur*)一书提议，理想的学校菜园面积应该为200至300平方米，里面可以种50多种有用的蔬菜，包括大蒜、番茄、胡萝卜、卷心菜、白萝卜、韭葱、土豆、生菜、细香葱等。

教师们希望拥有一处菜园，另外一部分原因是因为他们在与神父竞争，希望通过菜园提高自己的声誉。在反教会的第三共和国时期，市政当局接管了一部分神父菜园，并将其交给公职教师（即共和国的黑色轻骑兵们[1]）管理，于是教师和神父间的冲突变得更加激烈。共和制的校舍里有菜园，这件事别有深意，因为公立学校和天主教会之间的对立，会让教师取代优秀神父的职责。共和国教师在菜园里教授学生知识，这难道不是神父在菜园里带领学生们沉思创世问题时的世俗化对照吗？和神父菜园在授课期间教孩子们的内容一样，孩子在学校菜园里也能学到播种、移植、施肥、除草、摘果等园艺技术。19世纪40年代，在教理课后，沙瓦内（Chavannes）教区神父向孩子们讲授了嫁接技术，同时不忘指出，“既然我们可以通过嫁接和种植，在如此短的时间内收获果实，那么夺取别人的果实，就是双重的罪过。”几十年后，共和国的教师也会给学生们讲类似的道德观念。

1　hussard noir de la République，对法兰西第三共和国时期学校教师的戏称，因为这些教师穿着黑色长外套。

E. 戈达尔创作的彩色版画，1879 年，选自维尔莫兰系列画册中的《菜园植物》（*Les Plantes potagères*），1850 至 1895 年，维尔莫兰 – 安德里厄出版公司。

这张精美的水彩画选自著名的维尔莫兰系列画册，画家画得特别细致，说明当时精英阶层对园艺活动兴致盎然。园艺活动是社会地位和社会声誉的标志，一位好的神父或者一位好的管家肯定能把菜园打理好。教师作为 19 世纪下半叶新出现的社会角色，自然不会忽视园艺工作。

教师菜园

无论是从字面意思还是从引申义上来看，好的老师都应该同时是一位好园丁。调查教学情况的监察员会根据学校菜园的情况了解教师的品质。1951 年，公共教育监察长 J·克雷索（J.Cressot）强调说："几乎没有任何不带菜园的学校……没有哪个老师不是、不曾是或者不愿意成为园丁。"从 19 世纪下半叶开始，陆续出现了许多专门为学校教师编写的园艺入门小书，内容涵盖从整修土壤到收获果蔬的整个过程，例如 P·茹瓦尼奥（P. Joigneaux）所写的《教师菜园》（*Jardin de l'instituteur*，1879），以及学校校长安德烈·维默（André Vimeux）所写的《学校菜园》（*Jardin scolaire*，1942）。正如 18 世纪的神父菜园促进了农业的进步，19 世纪的学校菜园也得在园艺领域树立好榜样，打理好各项事务，比如施用农家肥、整修苗床、作物轮作、锄草、间苗、播种、嫁接、种植珍稀蔬菜等。教学期间，老师们会以自己的私人菜园为例，或者以学生们在老师监督下打理的学校菜园为例来解释各项园艺操作。同学们可以参观这些菜园、回到教室后再写参观报告、画出平面图，以及解释性的说明图。

无论是城市或乡村的学校，无论是男校或女校，菜园都不仅是干活的地方，也是进行其他教学实践的地方。老师选择在菜地教学，一方面是因为日常生活中的实际例子更容易被学生理解接受，另一方面是因为菜园体现了学校捍卫的各种价值观，比如勤劳、整洁、细心、节俭、卫生、顾家等。学生可以在菜园里唱歌、听写、背书、做语法和词汇练习、上直观教学课（leçon de choses）和地理课、画画、练习书法等。学数学的时候，菜园也提供了各种实际的数学问题，比如计算作物产量、测量土地的面积以及围栏的长度、统计种子的购买量、蔬菜的销售量以及水和肥料的消耗量等。一本 1948 年出版的针对小学毕业考试的学校教科

劳作的工具：铁锹，菲力克斯·波丹（Félix Potin）巧克力中的彩色画片，大约1900年。

这是一张孩子们吃巧克力时顺带收集的彩色画片，描绘了菜园里的景象。画面中有一个男人，他的草帽、围裙和木屐表明他是挖地的园丁。旁边的小男孩可能是他的儿子，也在帮他干活。他们身后还有一个带玻璃顶的温床箱子以及两个罩在玻璃罩里的甜瓜。

书，也用菜园中的实际例子来教学生数学：

> 播种一块6.25米×2.4米的地块，每平方米需要20克种子，种子的成本为每千克54法郎，栽种的成本为150法郎。问题1：生产所需要的总成本为多少法郎？问题2：该地块平均每平方米生产800克绿豆。其中一半绿豆以35法郎每千克的市场价出售，出售的这部分绿豆赚取多少钱？问题3：另一半绿豆制作成罐头在冬天出售，制作罐头的成本为140法郎，食品店的罐头出售价格为58法郎每千克，问这批制作成罐头的绿豆赚取多少钱？问题4：最终种植这块土地赚取的净利润为多少？

孩子们购买食物时获赠的彩色画片，就像好学生获得的学业奖励一样让人高兴，这些画片也会表现菜园里的场景。从学校菜园里的长凳，到购买巧克力棒时获赠的画片，一代又一代的儿童感受到了菜园的教育性。“不要在胡萝卜中加入卷心菜”[1]，试问又有谁没有在学校里听过这句训导？

神父菜园在文学中的典型形象

神父菜园遭到教师菜园的竞争，又随着天主教会的衰落而显出颓势，但它却在文学领域中获得了拯救。奥诺雷·德，巴尔扎克（Honoré de Balzac）到左拉，19世纪的文学作品逐渐开始描绘神父菜园。在《乡村神父》（*Le Curé de village*，1838）中，巴尔扎克详细描写了蒙蒂尼亚克（Montégnac）教区神父博诺（Bonneau）的菜园，就此树立了神父菜园在文学中的典型形象并流传至今：“露台的扶梯和支撑露台的墙壁已然老化，上面满是岁月的痕

1 比喻不要把两个不相关的论点放在一起。

学生和菜园，沃茹尔费内隆学校（École Fénelon, Vaujours），19 世纪末 20 世纪初的明信片。

不管是私立还是公立学校都会建菜园。菜园用水果与蔬菜回报那些努力、勤劳、认真的劳动者，这些品质都是学校非常看重的，而且菜园是可以进行实践型教学的场所。另外，此时法国大部分地方还是农村，农村人很看重家庭，学校正好可以通过菜园培养学生的家庭观念。

迹。扶梯里的石块看似坚固，却已被植物难以觉察但又连绵不绝的力量所侵蚀，以至于杂草丛生……在入口大门的对面的最里侧设了一扇通向菜园的门，以便神父出入。菜园周围有一圈用白色破碎山石砌成的围墙，上面都是贴墙种植的果树和破损失修的藤架……”

文学作品把神父菜园描绘得很美好。1991 年作家亨利·博斯科（Henri Bosco）在小说《风信子花园》（*Le Jardin d'Hyacinthe*）里说韦尔热利安（Vergélian）这位“好神父”在园子里“培育鲜花来喂养蜜蜂”。在路德维克·哈雷维（Ludovic Halévy）所写的情感小说《康斯坦丁神父》（*Abbé Constantin*）中，善良的主人公康斯坦丁神父关心教徒们的福祉，分发救济金，同时认真打理自己的梨树和桃树。这本书于1882年出版，1887年再版，再版时配上了插画家玛德琳·勒梅尔（Madeleine Lemaire，1845—1928）的插画，其中两张描绘了神父在菜园里的场景，一张画的是神父站在梯子上修整贴墙种植的果树，另一张画的是他与自己的军官教子以及仆人站在一块种着菊苣和直茎莴苣的菜地前。玛德琳·勒梅尔所画的花卉闻名于巴黎，她也是马塞尔·普鲁斯特（Marcel Proust）笔下凡尔杜兰太太（Mme Verdurin）[1]的原型，而凡尔杜兰太太对自己的菜园也特别自豪！

爱弥尔·左拉用他强烈的自然主义风格，在作品《神父莫雷的过失》（*Faute de l'abbé Mouret*，1875）中描写了法国南部贫民教区里的一处狭小菜园，菜园处于墓地和教堂之间，神父塞尔吉·穆雷（Serge Mouret）在这里工作。菜园里种着几棵果树，包括一棵桃树和两棵桑树，还有一排排蔬菜、一畦畦百里香，以及用来供奉圣母的鲜花。菜地里还有一些木屋，里面养着各种家畜，包括用墓地杂草喂养的兔子，一些母鸡和一只公鸡、一只山羊、一头猪和一头牛，木屋里吵吵闹闹、味道也很大。菜园里还有蜂箱，它仿佛是神父菜园必不可少的成分，左拉也屈服于这种关于神父菜园的惯常想象。这一大群牲畜充分体现了这个神父菜园的贫穷，仿佛它本身就带着肉体的罪孽。左拉在小说里还细致描写了另一处奢华的花园帕拉度（Paradous），这里如天堂般梦幻，与神父的菜园形成鲜明对比，正是在这处花园中，莫雷神父与美丽、纯洁又无暇的姑娘阿尔比娜（Albine）生活在一起，犯下了他的过失。从左拉的小说中我们可以看出，如果说文学作品选择描绘“神父菜园”这个主题，那么它也知道如何在这个

1　普鲁斯特所著小说《追忆似水年华》（*À la recherche du temps perdu*）中的人物。

《神父先生的菜园》(*Le jardin de Monsieurle curé*)，伯尔尼·贝勒库尔（Berne Bellecourt，1838—1910），波尔多古皮尔博物馆（musée Goupil），编号：inv.93.1.2.1859。

画中神父似乎在模仿圣菲亚克和园丁基督的形象，他戴着草帽，穿着围裙，手里拿着一把铁锹，站在自己的菜园里；社会习俗不允许画家直接画神父铲土的场景。17世纪以来的有关神父菜园的想象也渗透进这幅作品中，比如画里的矮墙就能让人想起巴尔扎克笔下的蒙蒂尼亚克教区神父菜园。

主题上大做文章。

时至今日，曾经的神父菜园究竟还留下什么呢？一些关于它的美好想象，一类文学里的陈词滥调，一种回忆里的菜园类型，除此之外，还有什么呢？其实，一系列蔬菜、药材和果树的别名或品种名都来自神父菜园辉煌的时代，比如菊苣的别名 barbe-de-capucin（“嘉布遣会修士的胡子”）、野苣的别名 saladede-chanoine

（“议事司铎的生菜”）、大果草莓的品种名 saint-joseph（“圣－约瑟夫”）、豌豆的品种名 sainte-catherine（“圣凯瑟琳”），以及梨子的品种名 bon-chrétien（“好－基督徒”）和 curé（“神父”）等，都与神父菜园有关。

社区园圃的时代

每个工人家庭都希望经营一处菜园，收获丰富而健康的蔬菜，让自己的饮食更加多样，并且能够以更低廉的成本制作蜜饯和果酱。而且种菜是一项健康的、适合所有人的放松方式，它让祖孙三代都能在其乐融融的家庭氛围中舒缓身心，远离歌舞厅这种充满诱惑的娱乐场所……全家人一起合作种菜，每个人量力而行，家庭关系也会更加紧密。因此，园艺除了能带来经济上的收益，还能促进家庭的幸福和谐。

R. 弗拉芒（R. Flament），《应用科学与实践活动》，
城市男校，二年级，巴黎，第 81 课，
《园艺》（*Les Jardiniers*，1941）

1996 年，法国土地与房屋联盟（Ligue française du coin de terre et du foyer）的社区园圃迎来了百年庆典。翻开为了纪念这次活动出版的纪念册，映入眼帘的那些发黄的照片仿佛在邀请我们推开社区园圃的大门，去重新发现这种 19 世纪末新出现的园艺形式，这种园艺形式在 19 世纪特别流行。人们沿着铁路或公路，在城市郊区，在军事要塞的外围，在高炉和矿山附近，精心经营着成片的社区园圃。在社区园圃，我们能看到用砖头和灰泥砌成的小屋，神父勒米尔（I'abbé Lemire）（1853—1928）时期的人们夸张地称它为“凉亭”（tonnelle），还有用来收集雨水的罐子，几经修补的门，以及用砖头或木板铺成的小径。社区园圃里能看到各色各样的人：这儿，一个穿着背心的男人正在挖土；那儿，另一个男人戴着鸭舌帽，正骄傲地在自己菜园里站着；旁边，盛装打扮的一

查尔斯·安格朗（Charles Théophile Angrand），《在菜园中》（*Dans le jardin*），布面油画，1885 年，鲁昂（Rouen）美术馆（musée des Beaux-Arts）。

家人正开心地享受着乡间的日光。社区园圃里到处都有漂亮的蔬菜，那儿有土豆、菜豆和生菜，这儿有韭葱、卷心菜和胡萝卜，这些蔬菜整整齐齐地并排种植，人们定期除草、精心施肥浇水，让蔬菜长势喜人。还有带玻璃顶的温箱，用来培育早熟蔬菜。除此之外，几丛鲜花和香草让这片土地更加动人，比如紫荆花、大丽花、玫瑰花、百里香、欧芹等。菜园里还种着一些结小果子的植物，比如草莓、红醋栗和覆盆子，可能还会有葡萄，但很少有高大的果树，因为它们占据太多空间。

杜瓦诺（Doisneau）在 20 世纪 50 年代拍摄的社区园圃景色优美，同时又很接地气，仿佛诗人贾克 · 普维（Prévert）笔下的诗句。而且透过这些社区园圃，我们得以一窥西方经济社会中的一些关键问题，包括雇主和工人阶级间的关系问题，以及新出现的有关休息时间的讨论等。两次世界大战期间，不起眼的社区园圃甚至一度与重大的历史进程关联在一起，不过随后就被斥责、谩骂，甚至被认为一定会消失。

工业革命时期的菜园

工业革命非但没有削弱菜园的影响力，反而巩固了其地位。在整个 19 世纪以及 20 世纪上半叶，管理良好的菜园依旧是资产阶级身份的标志。那些有身份的人的菜园拥有更加昂贵的资产，使用的水果种植技术更加精细复杂，而且逐渐适应了现代化进程，使用上了铁和玻璃打造的温室。就像旧制度时期的贵族会维护好自己的菜园，给别人留下自己能够将家里打理妥当的印象，优秀的资产阶级家庭也会用心经营自家乡下的果蔬园。许多印象派画家的画作都佐证了资产阶级对于管理菜园的兴致，比如毕沙罗（1830—1903）所画的《蓬图瓦兹附近的冬宫菜园》（*Jardin potager à*

古斯塔夫·卡耶博特（Gustave Caillebotte），《园丁》（*Les Jardiniers*），布面油画，1875—1877 年，私人藏品。

19 世纪工业革命期间，管理良好的菜园依旧是身份地位的体现。精英阶层的菜园中，人们依然会将植物种得整整齐齐，将花坛上的杂草除得干干净净，贴墙种植的果树也沿着墙壁整齐排开。为了让蔬菜早些成熟，人们会使用带玻璃顶的温箱和玻璃罩，并且定期浇水，投入巨大的人力物力。

l'Hermitage, Pontoise，19 世纪末）、《埃拉尼清晨的菜园》（*Jardin potager, le matin, Éragny*, 1901），以及古斯塔夫·卡耶博特（1848—1894）所画的的《园丁》（*Les Jardiniers*，约 1875—1877）等。1889 年，儒勒·皮泽塔（Jules Pizzetta）在《乡村生活的乐趣》（*Les Loisirs d'un campagnard*）一书中列举了在乡间度假时的种种消遣活动，其中，园艺占据了重要位置，皮泽塔如此描绘道：来乡间度假的有钱人住在位于埃纳河（Aisne）和瓦兹河（Oise）交汇处的舒适房子里，

向外可以俯瞰贡比涅（Compiègne）森林，还可以在自己的菜园里种植水果蔬菜，菜园里还装配了温室。

在菜园发展史中，引发菜园革新的常常是其他领域的事件，比如社区园圃的出现就牵涉到公司与工人阶级间的关系问题。19世纪工业革命期间，公司为了重获劳动者对自己的信任、让他们对公司更加忠诚，就在工人的住所旁边配备了一块土地，供他们种菜。劳动部在1922年发布的一份关于蒙吕松（Montluçon）社区园圃的报告中，赞扬了园艺的这一作用："社区园圃让工人们更加依附于菜园，从而更加依附于工厂。很少有地方的工人能够如此稳定地工作，且每年他们都能收获无数荣誉，让一代代工人在同一个工厂一直工作下去。"

社区园圃转移了工人们对于社会运动、公共集会以及罢工的兴趣，同时还多给了他们一份酬劳。公司为员工们提供一块菜地来耕种，让他们下班后或者休息日里忙碌起来，这样他们就不会去歌舞厅或者参加政治集会。社区园圃控制了员工们的闲暇时间，让他们不工作的时候也和在工厂或矿场里工作时一样不闹事，变得更加温顺。当然，社区园圃也改善了工人的生活条件。总体来看，它体现了公司对员工家长式的管理。由多福斯公司（Dolfuss）在牟罗兹（Mulhouse）或施奈德公司（Schneider）在勒克勒佐（Creusot）建造的融合了菜园和住房的工人住宅区就是这种情况。绝大多数情况下，住宅和菜园仍然是公司的财产。如果被裁员，工人就会失去这些东西。即使员工拥有了住宅和菜园，这些财产的价值也由公司的运营状况决定。1920年，法国约有17万个社区园圃，主要是矿业公司和铁路公司建造的。

19世纪还有另外一股宗教思想在发展，这种思想反对工业革命，强调回归土地，并将菜园视为基督教家庭和古老秩序的保障，它

《在位于鲁贝的社区园圃里收获土豆》(*La récolte des pommes de terre dans les jardins ouvriers de Roubaix*)，20 世纪初期的明信片。

法国北部是工业革命的摇篮，是基督教民主党的聚集地，也是神父勒米尔的故乡，所以它走在了法国 20 世纪初期社区园圃建设运动的最前沿。1909 年，鲁贝地区有超过 500 多个社区园圃。这张明信片展示了一家人在社区园圃里收获土豆的场景，其乐融融，从中我们也能看出社区园圃在食物供给上发挥的作用。祖孙三代都没有去歌舞厅或参加政治集会，他们在摄影师慈善的目光下挣钱养家。这位摄影师很可能是一位神职人员。小孙子是唯一看向摄像机镜头的人，这样的童年经历也潜移默化地影响着他。

还将一个从事农业、信仰天主教的健康法国与城市工业化、酗酒、社会主义、姘居、性病等危险对立起来。天主教会对现代性充满敌意，它更加看重土地上的劳作。既然《圣经》中提到的第一个人亚当被上帝任命为园丁，那么种植菜园就能让我们牢记事物的古老秩序、四季流转的永恒节奏，以及人类对于上帝的服从。

天主教世界以及新教世界中出现了一系列慈善活动，在法国、比利时以及北欧，宗教慈善组织把土地借给贫穷家庭，让他们能够种植菜园。圣－文森特－德－保罗会议（Conférences de Saint-Vincent-de-Paul）建设的菜园就是这种情况。这个天主教慈善组织成立于1833年，它向比利时拉尔讷（Laerne）地区和法国默尔特－摩泽尔省布克西埃－奥－达梅（Bouxières-aux-Dames）地区的贫困以及有需要的家庭提供土地和种子。埃尔维尤夫人（Mme Hervieu）在法国色当（Sedan）创立的家庭重组会（Reconstitution de la famille）也是类似的组织，自1889年以来它一直向贫困家庭借出土地。欧洲的社区园圃建设运动从19世纪这些不同的菜园建设活动中吸取了经验。

神父勒米尔的工作

儒勒·勒米尔神父是阿兹布鲁克镇（Hazebrouck）的副镇长，支持基督教民主主义（démocratie chrétienne）和天主教社会派（catholicisme social）。他于1853年出生在法国北部一个纺织业和采矿业十分发达的地区，是一位农民的儿子。成为一名年轻的神父后，他走访了大量贫困家庭，了解到19世纪80到90年代工人阶级的悲惨生活状况，还在后续完成了很多相关工作。1896年10月21日，他成立了法国土地与房屋联盟（Ligue Française du Coin de Terre et du Foyer，LFCTF），为工人阶级建造社区园圃。1908年，根据1901年的相关法律，这个联盟变成一个协会，次年，它被认定为公共事业机构。1913年，部长会议主席雷蒙·彭加勒（Raymond Poincaré）参观了位于巴黎附近塞纳河畔伊夫里（Ivry-sur-Seine）的社区园圃，认可了神父勒米尔的工作。

神父勒米尔希望每个工人家庭都能拥有一个带菜园的住宅，以此

Les Hommes du Jour

L'abbé LEMIRE

Hebdomadaire : Le Samedi.
2e Année, 13 Novembre 1909. N° 95
10 Centimes
Le prochain numéro sera consacré à
CHARLES BENOIST

Adresser tout ce qui concerne la Rédaction et l'Administration à
HENRI FABRE
20, Rue du Louvre et Rue Saint-Honoré, 131
PARIS (1er)

Abonnements

UN AN	6. »
SIX MOIS	3. »
TROIS MOIS	1.50
ÉTRANGER	8. »

神父勒米尔，阿里斯蒂德·德拉诺伊（Aristide Delannoy）为第95期《今日人物》（*Hommes du jour*）所画的插图，1909年11月13日。

1893年勒米尔被选为法国北部地区的议员，直至1928年去世，他一直连任此职。在反教会的第三共和国时期，这个身穿长袍的议员别具一格，他认为家庭必须要有一小块土地才能更加稳固，他一直为此观点辩护。无政府主义者和社会主义者维克多·梅里克（Victor Méric，1876—1933）在1908年创办的报纸《今日人物》上用了两个整版来介绍他，画家阿里斯蒂德·德拉诺伊（1874—1911）为他绘制插图。梅里克认为勒米尔是一位“不普通的神父”“共和派神父”，具有政治勇气，会为进步主义观念辩护，但是梅里克认为让家庭拥有小块土地的想法太过简单幼稚。

稳固家庭结构。这个住宅加菜园的价值不超过 8000 法郎，勒米尔不断强调这一基本家庭财产不能被没收，这就是他成立“法国土地与房屋联盟”的最初目标。不过联盟很快就放弃了这个目标，转而将精力集中在建设和维护社区园圃上。社区园圃既不是给资产阶级的，也不是给农民的，而是专门给这些工人的。

在社区园圃的推动者看来，种菜这一露天体力劳动能够让工人们摆脱异化，重新获得属于人类的尊严。跟非人性的机器不同，种菜时用到的工具仍然是手的自然延伸。勒米尔写道：“社区园圃是对工厂工作的补充和纠正，能够帮助工人们恢复个性。社区园圃让人们能够在自由的工作环境中放松身心，大家可以量力而行。在这里，工具并不统治人，而是为人服务。社区园圃里，需要的只是一点对美的感知力，以及实现美的努力——这是一切道德提升的出发点。”

打理菜园可以帮助工人恢复健康，让他从脏乱的住所、工厂或采矿场环境中抽离出来。敦刻尔克人古斯塔夫·朗克里（Gustave Lancry）医生是神父勒米尔的伙伴，在 1903 年出版的一本小书的标题里，他把社区园圃称为“家庭疗养院”，因为他认为社区园圃有利于工人抵御肺结核病。卫生专家指出，社区园圃还可以帮助工人排除精神上的污染物，让工人们更懂克制、更温顺和顾家，所以无论在身体层面还是在精神层面都对工人的健康大有裨益。

在工人看来，种菜是一项娱乐，而不是一项额外的工作，所以他们愿意在周末花时间来社区园圃干活，而不是去歌舞厅里放纵，这就自然而然地遵循了教会反对歌舞声色的传统，而且工人们也不会认为自己在遵循来自教会的命令。更重要的是，种菜这项娱乐活动是有用的，它为家庭提供蔬菜，减少了家庭的饮食开支。另外，因为社区园圃要求工人们种许多种蔬菜，所以它还保障了工人家里饮食的营养均衡。

社区园圃的组织

在西方菜园史中，社区园圃在地块组织、生产空间管理以及园丁间社会交往等方面都别具特色。它的生产方式既不是完全公共化的，也不是完全私人化的，可能用集体制形容最为合适。社区园圃配有负责监管的管理员，有相应的管理条例，不同工人家庭种植的菜地依据规章制度严格有序地组织在一起，这样，园圃就成了园丁社区。社区园圃的土地是集体性质的，与住宅分开，并分块划分给了住在城市集体住房中的家庭。园圃主要位于城市，也有一些在农村。19 世纪末至两次世界大战期间社会精英阶层对大众休闲活动进行了反思，精英阶层认为大众休闲活动必须是集体制的，并且一定要受到监管，社区园圃的建设工作受到了精英们这些想法的影响。

为了建立一个社区园圃，管理集团必须首先从土地所有者那儿获得一块土地，土地可能是免费的，也可能需要集团支付少量租金。土地所有者可以是市政府、宗教团体、公司、公共援助机构、军队（位于塞纳河畔伊夫里的社区园圃就是如此），甚至是富有的慈善家。有时候，集团会设法把土地买下来。获得土地之后，集团会把土地分拨给工人家庭种菜。19 世纪末 20 世纪初，关于集团是否应该向工人家庭收费的问题引发了争议。最后，人们为避免将社区园圃和社会福利制度混淆在一起而建立了新规定：工人家庭还需要每年缴纳适量费用，但这笔费用并不是租金。

社区园圃最初是由管理者、地方委员会、社会名人以及宗教人士共同负责土地分块工作。20 世纪初有很多宗教人士参与了这项工

一个德国家庭在其菜园小屋前，柏林，大约1906年。

社区园圃建设运动遍及受到工业革命影响的各个欧洲国家。1926年，国际土地和社区园圃办公室成立。和法国的情况不同，德国工人可以把分到的地块改造成第二个家，把菜园小屋建造成能够在里面过夜的临时住所。

作，比如图尔昆（Tourcoin）地区的神父马雷斯科（Marescaux）以及圣－埃蒂安（Saint-Étienne）的神父沃尔佩特（Volpette），但是社区园圃建设运动的宗教色彩随后越来越淡，到最后彻底消失。从20世纪50年代开始，园主也越来越经常从获得地块的工人园丁中，选出社区园圃的管理者。于是，这场运动就慢慢演变为园丁对土地的争夺，最初建设社区园圃时所设想的宗教、政治和道德层面的目标逐渐被忘却，社区园圃也逐渐真正成为“工人们的菜园”。

虽然神父勒米尔在法国创立的法国土地与房屋联盟汇集了当地很多社区园圃，但并非所有法国社区园圃都是这个联盟的成员。而且这场社区园圃建设运动也并不局限在法国，其他国家也有类似的社区园圃联合会，特别是在比利时。1926年，国际土地和社区园圃办公室（Office international du coin de terre et des jardins ouvriers）在卢森堡成立，由神父勒米尔主持，它首先汇集了七个成员国的相关机构：包括德国、奥地利、比利时、法国、英国、卢森堡和瑞士；随后芬兰、荷兰、意大利、爱尔兰、波兰、瑞典和捷克斯洛伐克也加入其中。1934年，它汇集了欧洲各地约500万处社区园圃。

给我画一幅社区园圃

社区园圃一般建在一块封闭的土地上，园圃内部的土地被划分成大小均等的地块，地块通常在150至200平方米之间，很少超过300平方米。从社区园圃诞生初期到20世纪末，切割的地块面积不断减小，到了如今，地块平均只有50到100平方米。多方面的原因造成了这个现象：一是每家每户的人口数逐渐减少，二是对地块的需求远远超过了供给，三是如今对于空间的管理越来越严格。社区园圃里，每个地块都设有围栏和一扇门，门的宽度必须容许手推车通过，因为手推车是园丁运输土壤、肥料以及清除杂草时的必要工具。

社区园圃的管理条例明令禁止工人们只种一种蔬菜。为了防止他们把生产的一部分蔬菜卖向市场，条例要求工人们必须种植多种作物，这也促进了工人家庭的饮食均衡。工人们也不能大量种植土豆，把菜地变成土豆田，有些管理条例甚至直接规定园圃不能种土豆。社区园圃的种种管理条例、章程条款以及法律规定都禁

德国画家埃里希·布特纳（Erich Büttner），《柏林里克斯多夫，易北河街》（*Rixdorf, Elbestraße*），水彩画，1906 年，柏林艺术与历史档案馆（Archiv für Kunst & Geschichte）收藏。

埃里希·布特纳所画的这个社区园圃地处柏林城区，用棕色色调和直线笔触表现出了它的工业感。在封闭的菜地里面，我们还能隐约看到一些棚子。

止工人售卖蔬菜。社区园圃完全符合《农村法》（*Code rural*）对家庭菜园的界定："劳动者亲自在菜地种植蔬菜，且完全是为了满足家庭需要，并不涉及任何商业利益。"这种规定标志着西方菜园史上一个巨大的断裂，因为从中世纪到 19 世纪，将家庭菜园的一部分收成卖到市场是完全合法的。

为确保菜地的生产性，政府明令禁止工人们只种一种蔬菜，以防菜园变成纯粹观赏性的花园，打理一小块草坪、少量种一些花卉和观赏性灌木可能还可以，但肯定不能种太多。基本上所有社区园圃的管理条例都要求人们用至少四分之三的面积来种蔬菜，而且还要种植多种蔬菜：包括西红柿、韭葱、卷心菜、生菜、豆类、洋葱等。其余的地块上可以少量种植一些香草、花卉和浆果，或者经营一块草坪，极少数情况下还可以种植几棵果树。

工人们也不能在社区园圃里搭建兔棚或者鸡舍。虽然以往人们常常在菜园里养一些小牲畜，但这在社区园圃里也是被禁止的。出于同样的原因，社区园圃里也不能种植饲料作物，毕竟如果不养兔子，那种一地苜蓿又有什么用？不过，虽然有这些规定，但也常常出现违反管理条例的情况，特别是在两次世界大战期间。

每块菜地里都有一个小棚屋，用来存放工具、花盆、种子和需要移栽的幼苗，白天人们还可以在小屋里休息。因为没能成功地给工人们分配带菜园的住宅，法国土地与房屋联盟就强调工人可以在菜地里建一些“凉亭”，于是 20 世纪上半叶的人们也就用“凉亭”称呼这些小屋。和北欧的情况不同，在法国，人们不能把小屋建成住宅，法国工人没有权利在这里过夜。

好的园丁

只有那些已经成为父亲的工人才有资格分得一块菜地，成为一名好园丁。社区园圃管理集团会将菜地分给那些有功绩的家庭。考虑到法国人口数逐渐下降，那些有孩子的家庭就被视为有功绩的。所以那些单身者以及不生育的夫妻就分不到社区园圃里的菜地。在有些地方，比如哈姆（Ham）、色当（Sedan）和亚绵（Amiens），人数越多的家庭分到的菜地越大。

> 菜园被分给那些至少有三个孩子的家庭。那些刚结婚还没有孩子的家庭只能在一处菜地耕种三年，三年内如果没有生孩子，

就会被视为不育，必须交还菜地。人口数最多的家庭在分配菜地时享有第一优先权……为了弘扬相互奉献的精神，那些因为菜园主人生病而无法耕种的菜地，将由同一组的伙伴们轮流帮忙耕种。以下各种情况将会导致菜地被收回，或者不再继续分配菜地：菜地经营不善、偷窃蔬菜、打架斗殴、醉酒、抢劫、违禁打猎、离婚，或者园丁年纪超龄。

以上这些规定是由特鲁瓦（Troyes）社区园圃协会制定的，这个协会是由药剂师约瑟夫·胡吉尔－特鲁勒（Joseph Huguier-Truelle）于 1900 年创办的，他也是奥布省（Aube）园艺、葡萄种植和林业协会的副主席。这些规定反映了第一批社区园圃建立时创办者们对生育问题的关心以及道德层面上的考量。

园丁必须遵守分菜地时签署的协议。他必须自己耕种分到的菜地，绝对不能将菜地再转手给他人。他必须好好经营他的菜园、尊重邻居、行为得体，同时参与到公共区域的维护中。

教育与园艺

最早的社区园圃建好后，管理者和地方委员会的成员就开始组织人们前来参观，这种参观既是公益性质的游览活动，同时也是对园丁工作的检查。就像可以从笔迹是否清晰干净看出一个小学生学习是否认真，人们也能从菜园里是否有杂草、蔬菜是否排列整齐看出一个园丁是否勤劳认真，甚至是不是一位好父亲。如果管理不善，菜地就会被收回。菜园的“干净”，强调的更多是园丁道德上的优秀，而不是园丁对于环境的尊重，因为此时人们还是会大量使用杀虫剂、除草剂和化肥。社会学家弗洛朗斯·韦伯（Florence Weber）强调说：“干净的菜园说明园丁的家里也井井有

Le jardin ouvrier de FRANCE

SOMMAIRE	
	26
Le cœur à l'ouvrage	27
Notre sol	28-29
Jardin ouvrier type	30-31
Culture de l'oignon	32-33
Les travaux du mois	34
Conseils	35-36
La loi	37
Les enfants au jardin	38-39
Les Amicales	39
Petit courrier	40
Recettes	

LIGUE FRANÇAISE DU COIN DE TERRE ET DU FOYER

11, rue Saint-Romain, Paris-VIe

9e Année - N° 2 - Février 1942

DU MOIS

PLANTATIONS

— Plantez l'ail, mais ne plantez pas le caveau central qui a tendance à monter à graine.

— Plantez l'échalote à fleur de terre, car elle craint l'humidité.

— Plantez la ciboulette en bordure.

— Dès que la température s'adoucit, replantez les choux de printemps qui restent de vos semis d'automne, en les mettant en place, en plein sol, mais pas en rayons creux. Vous les récolterez en mai-juin.

— Plantez, à bonne exposition, le plant d'oignon blanc semé en septembre et qui a été conservé en pépinière.

— Les choux brocolis qui avaient été mis en jauge en novembre sont replantés à 80 cm. en tous sens avec une forte fumure entre les rangs. Ils pommeront de mars à mai.

— A partir du 15 février, vous pouvez planter en pleine terre les topinambours.

— Tomates que l'on repiquera sur couche en mars-avril.

abritée, du cerfeuil que vous récolterez en avril. Semez aussi du persil.

— Semez les fèves aussitôt que possible si vous voulez éviter le puceron.

LES ENFANTS AU JARDIN

Les enfants au jardin, cela vous paraît naturel. C'est plus que naturel, c'est nécessaire.

Que le jardin entoure la maison ou qu'il en soit éloigné, il joue son rôle dans l'éducation

M. C.

《法国社区园圃》(*Le Jardin ouvrier de France*)，1942 年 2 月号。

1934 年开始，法国土地与房屋联盟发行了一册面向园丁的杂志。这本杂志向园丁提供有关种菜的技术建议，介绍社区园圃的具体情况，增强园丁对于社群的归属感。这本杂志目前仍然在发行，不过 1978 年它改名。

条，男性勤劳、女性持家。”这一说法对私人菜园和社区园圃同样适用。园丁们很爱向客人展示自己的菜园，客人也很乐意参观。

在 19 世纪末和两次世界大战期间的社会精英看来，好的娱乐方式必须同时具有教育性。围绕社区园圃的工作就加强了园艺的教育功能。1934 年开始，法国土地与房屋联盟发行了一册面向园丁的杂志《法国社区园圃》，这本杂志在 1978 年改名为《法国家庭园

亚捷－卡尚（Arcueil-Cachan）地区社区园圃庆典活动，1914 年 6 月 25 日，由神父及议员勒米尔先生主持，20 世纪初期的明信片。

从建立初期，社区园圃就会组织有名人参加的庆典活动。庆典活动上，人们能看到横幅、旗帜、花束、三色肩带、打扮成园丁的年轻女孩，能听到官方演讲以及祝福贺词，这些借鉴自宗教仪式和政治仪式的要素共同组成了园圃庆典。从中我们也能看出社区园圃创办者们希望营造的社会秩序。

圃》。兰斯（Reims）和卡尔卡松（Carcassonne）等地的园艺团体开设了园艺和树艺课程，分发种子、植物和园艺手册，有经验的园丁还为新园丁提供帮助和建议。一些团体甚至有一个学校型的菜园，专门向儿童传播园艺知识。在鲁贝、鲁昂、里昂和索镇，家政学课程教导园丁的妻子和女儿如何充分利用丈夫或父亲生产的蔬菜、沙拉和浆果，此时，好园丁的妻女也应该是好的家庭妇女。尽管此时菜园和住宅是分开建造的，但厨房依然是菜园的自然延伸。

社区园圃的社交属性

社区园圃会定期举行包含游行、官方演讲和竞赛的节日庆典活动。评委和参观者会评选出经营最好的菜园、最好看的凉亭或者最漂亮的蔬菜。他们对于怪异的作物也特别感兴趣，比如最大的甜菜、最大的西红柿、形状最奇特的葫芦等。获得这些奖项的园丁十分自豪，园圃联盟以及园艺公司会在杂志报纸里大加报道，读者读来也兴致盎然，比如来自德－塞夫勒（Deux-Sèvres）利莫尔（Limort）地区的小加歇先生（M. Gachet fils）就在 1949 年 7 月收获了“一个重达 9.5 公斤，周长 66 厘米，高 42 厘米的红甜菜”。从《乡村》（*Rustica*）杂志对珍奇果蔬的报道中，可以了解到当时流行的对于奇异蔬果的兴趣，这自然让人想起了旧制度时期人们把菜园当成露天的百宝箱的情形。在古代、中世纪以及文艺复兴园艺文献中看到的园艺设计常常追求虚幻的奇观，似乎社区园圃也没有与这些园艺传统彻底决裂。

很长一段时间里，因为工人们的家眷只有在周末或者节假日时才会来菜地，所以平常社区园圃里主要是男性园丁在交流。男工人们在社区园圃里碰面，一起讨论种菜的事情，互相帮忙、互借工具、交换种子和植物。对于男性来说，社区园圃里没有妻子盯着。与其说在园子里干活是家庭生活的延伸，不如说是家庭生活之外的另一种生活状态。当然，女性也不是完全不干活。如果说男性承担了园圃里的体力劳动，采摘工作则常常由女性完成；比如一般会让男性园丁播种和栽种，女性(例如园丁的妻子和姐妹等)负责采摘。经营妥善的社区园圃总会这样根据性别分配工作。

收获果实的幸福让之前的一切付出都值得，也正因如此，虽然经营社区园圃十分困难和辛苦，对于园丁来说又常常是本职工作外的另一份工作，他们依然把它当成一种休闲。无论是在社区园圃还是在私人菜园，活儿虽然是由园丁干完的，但收获的果实却惠及园丁的亲朋好友。因为园艺活动有用、务实，能惠及他人，且它不会把人变得游手好闲，而是认真工作，所以工人阶级从事这项休闲活动显得特别合理正当。

因为规定收获的蔬菜水果，甚至最初从市场买来的种子和幼苗，都只能赠与他人而不能售卖，所以社区园圃里的活动能免于市场逻辑的污染。而且，禁止售卖的规定也让园丁更能把园艺当成一种休闲活动，而不仅是额外的赚钱途径。

通过赠予他人秧苗、种子、收获的水果蔬菜以及互相提出技术性建议，园丁之间的交往会更深入，同时也有助于为园丁树立好的形象。就像社会学家和人类学家马塞尔·莫斯（Marcel Mauss）在1925年的《礼物》（*Essai sur le don*）中所强调的，赠予同时意味着回赠，在这个过程中每个园丁也会收获其他园丁对其能力的认可。在将收获的果蔬带回家里时，情况也同样如此。从菜园里带回的一把生菜、一把卷心菜或一捆胡萝卜，切切实实地惠及了整个家庭，园丁也反过来收获了妻子和孩子的肯定，更成为妻子眼中的好丈夫、子女眼中的好父亲。总之，菜园里的收成能让园丁收获各种肯定和赞赏。

战时经济和社区园圃的全盛时期

第一次世界大战期间，百姓的食物短缺，尤其是那些被德国占领的区域，比如比利时、卢森堡和法国北部，问题更加严重。这时候，社区园圃的重要性就突显出来了，因为人们都仰仗它来养活家人。1916年，法国农业部委托法国土地与房屋联盟给百姓分发种子和园艺工具，鼓励他们种菜，第二次世界大战期间达拉第

《种植我们的菜园》(*Cultivons notre potager*),巴黎学生绘画比赛中的作品,1918 年的海报,作者是路易塞特·耶格尔 (Louisette Jaeger),私人收藏。

这张 1918 年的海报邀请战争后方的百姓们种植菜园。白色的背景、蓝色的卷心菜以及红色的胡萝卜呼应着法国的三色国旗。“菜园”的发音类似“祖国”,卷心菜那令人肃然起敬的蓝灰色也让人联想到前线士兵制服的颜色。

(Daladier) 政府和维希 (Vichy) 政府也采纳了这项政策。1917 年,军事工程部特许人们使用巴黎军事要塞脚下的非建筑区域种菜,于是人们在巴黎近郊建立了大量社区园圃。

在战争的后方,人们通过经营菜园贡献自己的力量,士兵、百姓和儿童都参与到种菜活动中。南特市市政档案馆保存了第一次世界大战期间学生们的绘画作品。这些画记录了儿童们在战争期间的日常生活,以及老师们在此期间对他们的教育。里面有些画画的就是菜园,比如一名 11 岁的女孩描绘了学校里的菜园,南特市

1917 年的画，南特市市政档案馆收藏。

这个小女孩在画中描绘了学校里的菜园。她给方形的苗床涂上了颜色，苗床周围一圈种着药草。她还画出了仔细耙梳过的小路，以及一些园艺工具（耙子和浇水壶）。画里还有种类繁多的植物和干活的小女孩。作画时间是第一次世界大战快要结束的时候，从中可以看出，菜园在战争后方百姓的日常生活中占据了重要地位，哪怕在城市也同样如此。

第 38 组法国本土保卫军（38e territorial）种植的军事菜园，位于蒙塔尔吉（Montargis），20 世纪初的明信片。

20 世纪初期，军队也经营菜园。由于义务兵役制度，大量农民入伍。对他们来说，经营菜园是家常便饭，而且从照片中这些人的自豪神情来看，种菜或许还会让他们更加安心。有了卷心菜和胡萝卜，人们就能煮汤和做粥。

这所学校位于拉科利尼埃（La Colinière）大道，学校的校长介绍说，这幅画里画了卷心菜、花坛和园艺工具，以及许多药用植物，包括蜀葵、锦葵、薄荷、艾菊、鼠尾草、密里萨香草和洋甘菊。

这画幅的主题以及现实主义风格突显了 20 世纪初菜园在法国人日常生活中的重要性，即使在城里也同样如此。1918 年巴黎地区的海报《种植我们的菜园》中画了卷心菜，它既是菜园里常见的作物，也是战时人们努力种植的蔬菜，它那令人肃然起敬的蓝灰色让人联想到前线士兵制服的颜色。“菜园”之前的“我们的”也让人联想到“我们的国土”和“我们的祖国”。海报上画卷心菜、土豆和胡萝卜也有深意，它们是维持生计的菜园里最常见的作物，也是粮食供应不足尤其是隆冬时节，人们用来炖汤或做粥果腹的蔬菜。

第一次世界大战后，建设社区园圃的速度逐渐加快，这场园圃建设运动在 20 世纪 40 年代达到了高潮。1912 年，法国土地与房屋联盟管理着 17 825 处社区园圃，这个数字在 1920 年增长到 47 000 处，到了 1927 年又上升到 59 700 处。1926 年，在共和国总统加斯东·杜梅格（Gaston Doumergue，1863—1937）的见证下，人们在巴黎隆重庆祝了法国土地与房屋联盟成立 30 周年，这一活动既证明了神父勒米尔工作的成功，也说明了政府对他的支持，政府也看到了社区园圃的社会效益。甚至连学校教科书都在讨论社区园圃。第二次世界大战前夕，有 75 000 处社区园圃在法国土地与房屋联盟处登记在册，到了 1943 年，这个数字增加到了 250 000。在圣埃蒂安这个矿业城市，社区园圃的建设最早可以追溯到 1894 年，当时一位名叫沃尔佩特（Volpette）的神父希望改善矿工家庭的生活，带领大家建造了第一批社区园圃。在圣埃蒂安，社区园圃随后的数量变化趋势和全国的趋势相同：1894 年有 30 个，1895 年有 98 个，1906 年有 700 个，1912 年有 850 个，第一次世界大战后有 1 020 个，1930 年有 1 800 个，第二次世界大战期间增加到了 6 000 个。圣埃蒂安的例子再次说明，食物短缺会促使大家建设社区园圃。

不过当时并不是所有社区园圃都是在神父勒米尔的组织下建立的，除了隶属于法国土地与房屋联盟的社区园圃，还有其他援助组织（包括教会和民间组织）以及雇主建立的社区园圃。例如 20 世纪 20 年代在贝尔福（Belfort）建立的社区园圃，30 年代由标致（Peugeot）公司在蒙贝利亚尔（Montbéliard）建立的社区园圃，以及由法国铁路局家庭健康组织（Santé de la famille des chemins de fer français）管理的铁路工人社区园圃等。总体来看，第二次世界大战期间社区园圃总计约为60万，其中25万隶属于法国土地与房屋联盟。

《取得胜利的十条戒律·战争后的任务·种植你的菜园》
《Les dix commandements de la victoire. Devoirs d'après guerre. Cultive ton potager，20世纪40年代的海报。

菜园是和平的象征，是生命萌发的港湾，是战争的对立面，人们通过种植菜园来对抗战争。在这张海报里，女孩正小心翼翼地给幼苗浇水，而幼苗正代表着战后重建的希望。我们再仔细观察还可以发现，浇水壶似乎是用金属做成的，上面还装饰着矛头式样的花纹，但正是这样的浇水壶给植物的生长提供了必不可少的水分，从中是不是也能看出战后欧洲人民对于和平的向往？

1940年8月18日国家颁布了一条法律，征用那些尚未被使用的城市土地用来种菜，这条法律一直沿用至1952年。1940年11月25日颁布的另一条法律委托法国土地与房屋联盟给所有新建立的社区园圃发放补贴。许多公园因此被改造成菜园，例如巴黎市中心的卢浮宫卡鲁塞尔（Carrousel）花园。1941年2月15日的《插画》（*Illustration*）杂志用了两页篇幅介绍巴黎的菜园，并配上了著名插画家安德烈·佩库（André Pécoud，1880—1951）所画的七幅彩色插图，插图分别表现了卢森堡公园（jardin du Luxembourg）里的菜园、格拉蒙特酒店（Hôtel de Grammont）里的菜地、一个种了菜的网球场，以及在塞纳河畔、阳台上以及屋顶上用箱子种菜的景象。

战争期间，法国国家救济会（Le Secours national）编订并分发园艺手册，推荐人们种植热量高的蔬菜以及可以替代肉类的含氮蔬菜。1942 年，拉罗舍尔（La Rochelle）社区园圃协会成立了一处家庭合作社，专门生产罐头。1944 年，图尔昆地区 6100 个社区园圃保证了大约 2 5000 名百姓的日常饮食供应。因为战争导致食物短缺，资源主要通过配给分发，菜园和小型家庭养殖业甚至滋养了利润丰厚的黑市。第二次世界大战时期也是社区园圃发展的鼎盛时期，这说明在资源匮乏的经济条件下，家庭菜园对于百姓生活至关重要。在更古老、没有大量历史资料记录的时代，想必情况也是如此。1942 年，在为小学二年级编写的教科书《应用科学和实践活动》中，第 74 课指出："5 公顷的菜园足以为 5 至 6 人的家庭提供蔬菜。"

菜园与宣传

维希政权[1]推崇人们在土地上的耕耘劳作，它认为菜园很好地体现了这一点，所以会利用菜园进行政治宣传。维希政权将自己的意识形态贯注到社区园圃中，它在社区园圃中发现了种种贝当（Pétain）[2]政府所看重的东西：在土地上的劳作，对社会主义的反对，以及对家庭的维护。

> 在那些被遗弃的、管理不善的菜园里，杂草丛生，原本应该被精心照料的果树却没有得到很好的打理，土地被肆意踩踏，花朵凋零衰败，这些都反映了菜园主人在物质或者道德上的不

1 la France de Vichy，维希法国是第二次世界大战期间纳粹德国控制下的法国政府，又称维希政权、维希政府。

2 亨利 · 菲利普 · 贝当（Henri Philippe Pétain，1856 年 4 月 24 日—1951 年 7 月 23 日），法国陆军将领、政治家，也是法国维希政府的元首、总理。

> 足。相反，在那些生机勃勃的菜园里，果蔬丰茂、鲜花锦簇、土壤肥沃，这些都说明菜园主人工作认真专注，把一切都打理得当，想来他的家庭也是井井有条的。

1941 年 9 月的《法国社区园圃》杂志上，约瑟夫·德·佩斯基杜（Joseph de Pesquidoux）写的这篇社论劝导人们要认真工作、把菜园打理好、把家庭管理得井井有条，这几点都是维希政权民族革命（la révolution nationale）所推崇的。

人们在菜园里工作的照片也会成为维希政府进行政治宣传的素材。在一张 1941 年 5 月 21 日拍摄的照片中，9 个人排成一列正在马提尼翁府（l'hôtel de Matignon）的花园里挖土，要把花园变成菜园。这张照片除了表现了集体工作以及在土地上耕种的主题外，还选择了马提尼翁府这个别有深意的地方，因为它象征着法兰西第三共和国的议会制度，这样就反过来映衬了维希政权所倡导的民族革命[1]。这张照片附带的说明也很有意思："人们在这里播撒下种子，收获的果实将被送往法国国家救济会，煮成汤送与百姓。贝当元帅希望我们能够充分利用每一块土地，德·布里农先生（M. de Brinon，维希政府在巴黎的总代表）为了满足贝当元帅的期望，做了将花园改造为菜园的决定。"

另一张照片里，加尔什（Garches）大草地也被改造成汽车工人们的菜园，这个菜园甚至还被冠以"元帅菜园"之名。工人们拿着各种园艺工具，有人拿着铁锹、有人拿着浇水壶、有人拿着锄头，正迈着雄赳赳气昂昂的步伐从菜园入口走进去，入口处有块印着"元帅菜园"的牌子，牌子上还有贝当的肖像以及法兰克战斧

1 法兰西第三共和国于1940年7月10日正式结束，随后贝当获权，维希法国成立。

《巴黎的菜园》(*Potagers de Paris*)，1941年2月15日的《插画》杂志上的文章。1941年2月15日，《插画》杂志用了两页篇幅介绍巴黎的菜园，并配上了插画家安德烈·佩库所画的插画，这些画描绘了一系列田园牧歌式的巴黎景象，如同一片乐土，甚至不由让人想起法国歌手夏尔·特雷内（Charles Trenet，1936）一首歌里的歌词："欢乐就在这里，你好啊燕子，欢乐就在这里，就在屋顶上方的天空里……"然而实际上此时正是1941年的隆冬时节，巴黎已经被占领，局势灰暗，巴黎人民每日都要为食物供应问题发愁。

(francisque)[1]的标志。这张照片拍摄于1943年6月，照片的标题似乎在毫无疑义地宣告着国家复兴的胜利步伐："几年前人们还在这里义愤填膺地示威，如今此处已经建成一座宁静的菜园。"

不过并非只有维希政府会利用菜园进行政治宣传，英国政府也把菜园作为政治宣传的素材，不过宣传的主题却是通过种菜发起对德军的全国性反击。英国政府提出一个口号："为了胜利而种菜"，并鼓励百姓将草坪、花坛、广场以及公园改造成菜园，种植蔬菜，再养一些家畜，以缓解家庭食物供应方面的窘迫。英国

1 1940—1944年法国维希政府曾以法兰克战斧作为标志。

艾德里安·保罗·艾林森(Adrian Paul Allinson),《在圣詹-姆斯广场,为了胜利而种菜》(*Dig for Victory, in Saint James' Square, huile sur toile*)布面油画,1942年,伦敦,威斯敏斯特市档案中心(City of Westminster Archive Centre)。在所有参战国家中,人们都在后方种植菜园,既是为自己国家取得战争胜利贡献力量,也是为了解决经济匮乏时的食物短缺问题。在被德国人轰炸的伦敦市中心,种植蔬菜也表现了人们在恶劣条件下对日常生活的重视。

政府会把园艺知识印成小册子发放给民众。面对德军的轰炸,留在伦敦种植菜园,就是对敌军的反抗,就是残酷环境下对于生活的重视。英国画家艾德里安·艾林森(Adrian Allinson,1890—1959)在1942年画了一张人们在圣-詹姆斯广场(Saint-James square)种菜的场景,这幅画的标题就是“为了胜利而种菜”(Dig for Victory),圣詹姆斯广场位于伦敦西侧一个富裕区域,但此时人们已经把广场上的草坪换成了菜地,里面种了卷心菜和爬架的豌豆,菜园周围还围了一圈木栅栏。在第二次世界大战期间,大约有140万名英国人参与了种菜行动。

社区园圃的逐渐消失

从战后到20世纪80年代，社区园圃逐渐减少：1943年时有25万块社区园圃，到了1950年减少到15万块，到了20世纪70年代末就只有15万块。战争结束后，法国3/4的社区园圃都渐渐消失。在巴黎以及里昂的城市与郊区，20世纪末社区园圃的数量只有战争刚结束时的十分之一。在中等城市，比如拉罗舍尔，战争刚结束时的社区园圃有949块，到了1974年就只剩下166块。不只是社区园圃这一种菜地的面积在减少，从1962年到1975年，法国菜地的总面积减少了29%。社区园圃的逐渐消失，与法国农业人口数量的减少有很大关系。到了1954年，法国农业人口占总人口的27%，到了1975年，这个比例下降到了10%。

另外，因为一说到菜园人们就想起了贫穷、古老和农村，所以战后重建的“光荣三十年”中，步入现代社会的法国人对它很反感。战争过后，菜园依然还实施配给制、靠菊芋和芜菁度日的苦日子，以及战争时期的黑市这些负面形象联系在一起，不讨人喜欢。与此相反，消费社会里的超市更加被人青睐。环境部长罗伯特·普亚德（Robert Poujade）在20世纪70年代也这样说：“人们在艰苦时期才种菜园，它落后、粗俗，让人联想到家庭的贫穷，以及不稳定的生活。”的确，家庭收入越少，人们越会用更多土地来种菜。菜园太容易让人联想到古老、陈旧又过时的欧洲农村。高楼林立的美国式生活中又哪有菜园的身影呢？而且因为维希政府曾经利用菜园进行过意识形态宣传，所以此时法国人更拒斥菜园了。

战后重建以及快速城市化的进程逐渐吞并了城市与郊区里的社区园圃。土地部门常常收回原本借出去建设社区园圃的土地，转而用来建造道路、学校、体育场馆、停车场、购物中心和集体公寓

《为了胜利，发起一场种植菜园的战争，在你的厨房门口生产维生素》（*War gardens for victory. Grow vitamins at your kitchen door*），由斯特彻－特朗印刷公司（Stecher-Traung Lithograph Corporation）印刷的海报，纽约州罗切斯特（Rochester），约1939—1945年，现藏于华盛顿国会图书馆（Bibliothèque du Congrès）。

海报中这位年轻而自信的美国妇女穿着牛仔背带裤、戴着帽子、围着丝巾，好似一名准士兵。这位准士兵一手拿着自己的武器——锄头，另一只手自豪地提着篮子，里面装满了精美的蔬菜：胡萝卜、卷心菜、黄瓜、南瓜、牛皮菜、西红柿等等，仿佛是一个“丰裕之角”。注意海报标题里也写了北美饮食话语体系里常常会说的维生素。

等。城市规划者和开发商也不喜欢社区园圃在这些建筑物和场所旁边格格不入的样子，尤其是那些用废旧材料、木板、波纹铁皮和塑料布制成的破旧棚屋，容易让人联想到穷人居住的棚户区，营造出贫困和不安的氛围。1952 年，社区园圃改名为“家庭园圃”，是不是改名者在试图抹去社区园圃的无产阶级色彩和神父勒米尔时代赋予它的政治内涵？会不会这仅仅是为了适应社会发展而进行的语汇调整？

人们在自己家里经营的菜园也岌岌可危。20 世纪 70 年代和 80 年代的许多公寓出于美观、健康以及气味方面的考虑，直接禁止人们在公寓里种菜或者饲养牲畜。每家每户的土地上都不能出现兔棚、鸡舍、卷心菜或者韭葱。花园里的草坪、灌木丛和花丛都只能是观赏性的，不能替换成有实用性的作物。即使是那些有独栋住宅能够种菜的家庭，也会把不体面的菜园悄悄藏在屋子后面，屋子前面则安排了精心维护的花园，以便把仔细修剪过的草坪、认真打理过的树篱、盛开的玫瑰以及观赏性的灌木展示给邻居与路人看，让他们看到屋子主人的干净利落。

在社区园圃逐渐减少的同时，人们种植的果蔬品种数，以及市场上销售的种子、菜苗和果苗的品种数，也都大大减少。20 世纪 90 年代，种子公司和苗圃提供的蔬菜品种数量只有 20 世纪 50 年代的 1/5。在 20 世纪 60 年代，法国国家农业科学研究院（INRA）放弃了那些具有地方特色的古老果蔬品种，转而挑选和培育那些更能适应市场经济需求的品种，以满足基于产量、形状、颜色和保质期的标准化生产过程。“金冠（Golden Delicious）”[1] 苹果统治市场的时代到了！

1 法国种植最广泛的苹果品种。

《果园》(*Le potager*), 1950—1958 年间罗西尼奥尔出版社(éditions Rossignol) 出版的学校标牌画。这张画表现的是春天里的场景。画中五位男性园丁以及一位女性园丁正在果园里忙碌地工作着：挖土、修剪树枝、打理贴墙种植的果树、移栽玻璃温箱里培育的树苗等。这张 20 世纪 50 年代的学校标牌画试图将果园形象现代化：图中的果园毗邻郊区住宅，打理果园似乎成为郊区生活的一部分。而且园丁之间进行了分工，显得很有效率，但在战后重建的“光荣三十年”里，原本让人觉得美好的菜园和果园已经过时。

人们认为菜园已经过时，只有农村人以及城里退休的老人才会种植菜园，而社区园圃也在推土机以及城市发展浪潮的冲击下必然走向灭亡。然而，20 世纪 70 年代，政府、媒体和学界又重新开始对菜园感兴趣。1979 年，在环境部的大力支持下，人们召开了一场研讨会，专门研究家庭菜园在城市规划中的作用。也是在 70 年代，伴随着新兴的环保运动的开展，园艺爱好者以及保护生物多样性的人开始研究、收集和保存濒临灭绝的古老果蔬品种。20 世纪 70 年代，大洋彼岸的美国也出现了一种新型城市菜园——邻里菜园（又被称为共享菜园）。比如在纽约“绿色游击队”（Green Guerillas）运动中，居民为了应对北美城市中心的衰落和荒废，决定清理城市荒地，用来建设邻里菜园、种植蔬菜。

不同于他们的预期， 20 世纪末到 21 世纪初，无论是在西欧还是在北美，无论是在城市还是在农村，菜园又重新焕发了活力。

菜园在新世纪的使命

显而易见，无论如何他们都不会再用化肥、除草剂和杀虫剂了，相反，他们使用荨麻做成的绿肥，用锄头除草，用瓢虫消灭蚜虫。

——芭芭拉·康斯坦丁，《我亲爱的玛丽莲》

（*Tom, petit Tom, tout petit homme, Tom*[1]，2010）

毫无疑问，21 世纪初，种菜又重新成为时尚。法国文化部也发现了这个趋势，于是为 2011 年度“相约花园”（Rendez-vous aux jardins）活动选择了“菜园”这个主题。也是在同一年，官方报纸认可了法国菜园协会（l’association des Potagers de France），这是一个由众多法国著名菜园组成的协会。同年，漫画家克里斯托弗·布兰（Christophe Blain）在巴黎一家大型出版社出版了《与阿兰·帕萨德一起玩转厨房》（*En cuisine avec Alain Passard*）。阿兰·帕萨德（Alain Passard）是法国星级厨师，在这本书里，他带领读者在厨房与菜园之间开启了一场美食之旅。此时，各种菜园在北美与欧洲城市中如雨后春笋般接连出现，比如集体菜园、共享菜园、邻里菜园、联合菜园（solidaires）、附属菜园（d’insertion）、市民菜园、社区菜园、协会菜园等，媒体也都争相报道。21 世纪的菜园不仅继续牵扯着政治、社会和经济层面的问题，还关联到遗产和休憩空间方面的讨论。菜园促使我们重新思考生态公民身份（éco-citoyenneté）、可持续发展、短距离食物供应以及城市发展

---

1 法文书名直译为《汤姆，小汤姆，小男孩，汤姆》，2017 年人民文学出版社出版的中译本书名为《我亲爱的玛丽莲》，玛丽莲是小说中除汤姆外另一位重要角色。

维朗德里（Villandry）菜园里的卷心菜

等诸方面的问题。

把菜园博物馆化的诱惑

法国大多数菜园迟迟没有成为著名的旅游景点，得等到20世纪末这些菜园才被列为遗产地，只有维朗德里菜园是个例外。维朗德里菜园并不是普通的菜园，而是约阿希姆·卡瓦洛（Joachim Carvallo，1869—1936）耗费毕生精力创造出的杰作，它位于维朗德里城堡脚下，菜园里九块菜地严格遵循文艺复兴时期理想园林的对称规则，显示出自然的严格几何化。菜园里铺着沙子的小路、修剪过的黄杨树以及排列整齐的蔬菜，都很像16和17世纪建筑和园艺论著配套插图里所画的菜地，尤其是法国建筑设计师雅克·安德鲁埃·迪·塞尔索（Jacques Androuet du Cerceau）于1576年所著《法国最优秀的建筑》（*Plus excellens Bâtiments de France*）中的插图。无论是从形态还是从所种植物来看，维朗德里菜园都应被归类为文艺复兴时期的贵族菜园。但我们不应该把维朗德里菜园当成复原的历史遗迹来理解和欣赏，而应该把它看成对法式园林艺术规范的唤醒。通过对景观的美学组织，这座菜园收获了自己的声誉。至于皇家菜园，虽然它1926年起就被列为历史古迹，却拖到1991年才向公众开放，且每年只有大约4 000名游客来这里参观，比去参观凡尔赛宫和特里亚农宫的游客少很多。

当然，不是只有前述贵族菜园才会被列为遗产。比如2003年，蒙特勒伊8.5公顷的桃园墙同样被列入国家“遗址和景观”名录。部分社区园圃也被选入“大众传统与艺术遗产”（patrimoine des arts et traditions populaires）名录，其中有些被列入文化部的历史园林名录，像图尔区（Tours）拉里什（La Riche）的社区园圃甚至被列

凡尔赛皇家菜园里的非贴墙种植果树

凡尔赛皇家菜园里的园艺师团队继续使用 17 和 18 世纪发明、19 和 20 世纪完善的水果种植技术，比如这张照片里成排的非贴墙种植果树。这些果树被修剪得像长了四根枝条的棕榈树，四根枝条构成两个“U”形，外侧一个大的“U”，内侧一个小的“U”。

为历史古迹。这些社区园圃曾经被改名为家庭园圃，但人们在将它们列入遗产名录时又恢复了它们原来的称谓。这个决定并不随意，因为“社区园圃”这个称呼反映了那段时期的大众文化，见证了那段属于城市郊区工人阶级的历史，也正是这个原因，社区园圃自 20 世纪 70 年代以来就引起了民族学家、社会学家和历史学家的兴趣。

对于地方政府和城市规划者来说，这些菜园为民众提供了很好的休闲场所，深受百姓喜爱，而且因为有园丁打理，所以不需要地方财政投入太多成本。1992 年的《欧洲城市宪章》（*Charte urbaine européenne*）也正式承认了菜园在城市环境与城市规划中的作用。

在蒙特勒伊桃园墙里采摘桃子的场景，以及桃园墙的全貌，20 世纪初期，明信片。

巴黎东部的蒙特勒伊，以及沙罗讷（Charonne）和巴尼奥莱（Bagnolet）附近的村庄，因为贴墙种植桃树而闻名于 18 和 19 世纪（尤其是 19 世纪）。那些为了生产高质量桃子而建造的墙壁形成了一处有意思的分区景观，如今我们在蒙特勒伊仍然能看到它们。为了纪念这一段非凡的巴黎园艺历史，桃园墙在 2003 年被列入国家“遗址和景观”名录。

但菜园在融入城市时，必须做一些调整。为了不显突兀，园丁必须遵守一些特别严格的规定，比如要使用能融入城市环境的大门，要用标准化的菜园棚屋代替原本形状各异的棚子，而且这些棚屋只能用来存放必要的园艺工具和材料。

20 世纪最后几十年中，法国还出现了复原（或者说唤醒）中世纪菜园的热潮。人们用栅栏圈出一小块地，在里面种上玫瑰、卷心菜以及药草，就像宾根（Bingen，1098—1179）笔下用栅栏围起来的中世纪草药园一样。这些园子的种植和维护成本低，而且可以建在面积不大的地方，于是人们就能充分利用历史建筑旁边的空地，哪怕这些地方原来不是用来种菜的，比如说回廊区域。人们并不试图严格还原历史，有时也会在菜园里种上来自美国的植物，但总体上却重现了中世纪菜园田园牧歌式的景象。园丁还会给这些植物仔细分类、贴上标签，就像在植物园里一样。

收集不同品种的果蔬，保护作物品种多样性

20 世纪 70 年代末期以来，法国出现了许多保护老品种果蔬的组织，比如“苹果咀嚼者”（Croqueurs de pommes）等，它们会寻找、收集、清点、培育和传播那些被人们遗忘的水果和蔬菜。20 世纪，种子公司和苗圃售卖的种子与幼苗品种大大减少，菜园和果园里种植的作物也越来越单调，人们意识到这个问题，就开始有所行动。

这场促进植物多样性的行动尤其保护了苹果树的品种。法国各地都种植苹果，大家也熟悉和喜欢苹果，它是乡村的标志，并且品种众多。但受到标准化生产的影响，“金冠”以及“澳洲青苹果”

（Granny smith）等少数几个苹果品种逐渐占领了大部分市场，于是保护苹果的品种多样性，就成了本土和地方口味面对全球化进程的一次反抗。从技术上来说，收集老品种的果树比收集蔬菜更加容易，只要找到它们的接穗就行。很多人都参与到这场行动中来，其中“苹果咀嚼者”组织就成立于1978年。截至2010年，这个组织已经有超过7000名会员，分布在全国60个地方分会中。除了“苹果咀嚼者”，还有一些其他机构也在保护不同品种的果树，比如“苹果发烧友”（Mordus de la pomme，1987）和“贝里果树栽培学会”（Société pomologique du Berry）等。另外，还有一些没有加入协会的爱好者，他们在自己的果园里默默种着老品种的果树。

这些协会在努力保护作物品种多样性的同时，也在积极推广园艺遗产（patrimoine horticole）的概念。作为一种遗产，果树和蔬菜不仅是植物，而且也是文化的一部分。因为这些作物始终与人类的食物、景观以及技术相关联，所以人们保护它们，也就是保护历史和人类经验。再有，这些作物还形成了丰富的基因库，能辅助人们在未来改进植物，比如让植物变得更加耐寒、更加抗病、口感更好等。另外，部分本土市场依然青睐老品种的水果蔬菜，所以保护好这些作物，也能为这些市场持续提供货源。民众常常会因为意识到自己的生态公民身份，而更想要保护作物多样性以及本土园艺遗产。人们会想抵制那些大型种子公司，首当其冲的就是孟山都（Monsanto）跨国农业公司以及它生产的转基因植物。

菜园和果园之所以种植古老品种的蔬菜水果，有一部分原因是人们对已经逝去的世界有着怀旧情结，认为那些古老的植物因为它们的古老而显得更自然和纯真。而且那些被遗忘的味道可能就是出现在童年记忆中的味道：爷爷的菜园、老家的酒窖、奶奶做的防风草酱、烤的苹果等。不过这些美好的童年记忆往往是被我们自己神话过的记忆，就像那些被遗忘的水果蔬菜其实也并不是自

安德尔省（Indre）特朗佐尔镇（Tranzault）南瓜展销会上的各类葫芦科植物。

葫芦科植物的形态和颜色各式各样，很好地体现了保护作物品种多样性的精神。最近人们对于古老蔬菜品种的迷恋让一些老品种的西葫芦、南瓜和笋瓜又重新回到了菜园里。

然生长出来的，而是经过漫长选择和杂交才出现的品种。

人们举办了很多农产品集市、交易会和展销会，园艺爱好者们有机会在这里交换种子、幼苗和接穗，交流修剪、嫁接以及烹饪方面的经验。大家越来越喜欢这些活动，也越来越喜欢在放假时种菜、在家做饭。在将被遗忘的菜种重新种回菜园时，人们也必须重新学习怎么烹饪它们。老品种的防风草、菊芋、芜菁、南瓜、西葫芦在回归菜园的那一刻就重新征服了厨房。

许多地方公园、生态博物馆以及贵族园林里都建有保护性的菜园和果园，用来种植那些老品种果蔬，活化这些遗产。有名的菜园常常会专门收集这些被遗忘的果蔬，还有一些历史悠久的菜园甚至以此为特色，例如比永（Billom）、拉克罗兹菜园（Jardins de La Croze）专门收集各种葱蒜类作物（大

德尔巴（Delbard）、维尔莫兰（Vilmorin）和克劳塞（Clause）种子公司的包装。

德尔巴、维尔莫林和克劳塞等种子公司一直致力于提高蔬菜的产量、质量和抗病虫害能力，这些公司种子包装上的插图也在展示自家蔬菜的高品质，但是20世纪对于高品质作物的追求让蔬菜生产越来越标准化，菜园里的蔬菜种类也越来越少。20世纪70年代以来，人们开始努力保护作物品种的多样性，推动本地种子的使用。

蒜、细香葱、小洋葱、洋葱、韭葱)，瓦尔默（Valmer）菜园收集各种豆类，拉布尔代西耶尔（La Bourdaisière）菜园收集各种西红柿。

乍一看，这种保护古老果蔬品种的做法有许多优点，它保护了地方特色、呼应了旧制度时期贵族菜园收集水果蔬菜的传统，响应了当今保护物种多样性的生态运动。但是仔细思考一下我们就会发现，17到19世纪菜园收集蔬菜水果是为了产出新的品种，而不是为了保护旧的品种。一味地保护旧品种，就有可能将菜园变成博物馆，让菜园失去它本来的意义，就像把宗教画从教堂里拿出来放进博物馆时会剥夺宗教画原来的意义一样。菜园本应该是一个创造奇迹的地方，是人们进行发明创新、驯化植物、发展技术的场所，而不是一个保存古老品种和传统技术的地点。回顾菜园的古老历史，将菜园当成遗产保护地是最近才有的想法。但是另一方面，如果我们现在延续菜园原本的精神，把菜园打造得像法国国家农业科学研究院的试验田一样，那么在这里培育最新的转基因植物，或者实验无土栽培技术，也许不会讨菜园的主人和游客们喜欢。

生态补偿

如今的菜园为了做到完全的政治正确，不仅要保护传统技术和古老作物品种，还要使用生态种植技术。以往的菜园主要是弥补家里食物供给的不足，如今的菜园还要进行生态方面的补偿。在当下这个过度消费的社会中，人们遇到了食品安全、气候变暖、河流和地下水污染等种种问题，生态菜园似乎变成一个避难所，在这里人们能尊重自然、获得健康的食物。

人们放弃杀虫剂、除草剂以及化肥这些会遭受批评的技术，转而采用新的种植方法。比如旱金莲会吸引蚜虫，人们就引入捕食蚜虫的昆虫来消灭它们，而不是用杀虫剂来解决。再比如种本地品种时，大家会用地膜（paillage）防止杂草滋长、用木炭杀真菌。人们评判菜园干净整洁（propreté）的程度时，就不再看小路有没有耙梳好、贴墙种植的果树有没有整修好、菜地里的杂草有没有除干净，而是看菜园的生态是否环保。为了实现这个目标，人们宁愿蔬菜周围长些杂草也不用除草剂，会寻找消灭害虫的益虫、质疑催熟技术的合理性，并把荨麻制成环保的绿肥大量使用。

伴随着“有机菜园”的兴起，月历又再次流行起来。过去四个世纪里，人们一直在破除有关月亮的种种迷信，强调月亮的运行不会影响作物生长，但在这个时期，月亮又重新回到了园艺人的视野里。在 20 世纪最后几十年以及 21 世纪初期，书商们制作了许多年历、月历和日历，上面常常附带着有关月亮的谚语，用来指导园丁根据月相种植。《乡村》杂志每年还会出版一期特刊，叫“与月亮一起种菜”，向读者提供月历。这个风尚一方面依赖人们对民间和传统知识的了解（比如谚语），另一方面依赖人们的生态意识，即人们越来越觉得需要尊重自然及其节律。菜园里出现了另一种理性，它不再是诞生于 17 世纪的现代性理性，而是自然的理性。

精通生态农业技术的园丁会收集家里生产的各种灰烬和有机垃圾（甚至包括厕所粪便），给菜园施肥，在菜园和家庭之间形成一个互相提供养分的有机循环。自制堆肥一方面能避免使用化肥，另一方面因为园丁制作堆肥时会把家庭垃圾里的蔬菜水果残渣以及咖啡渣等单独挑出来，所以也能促进垃圾分类、减少生活垃圾数量，而后者也是 21 世纪面临的挑战之一。

不过，虽然有这种建设生态菜园的行动，但在 21 世纪初，法国依然是欧洲使用植物病虫害防治产品（杀虫剂、除草剂、杀真菌剂）最多的国家，年用量约有 10 万多吨，其中就包括私人菜园的使用量。与农场不同，私人菜园使用这些产品时既不受监管也不受控制。

菜园和美食传统

法国烹饪大师奥古斯特・艾斯科菲耶（Auguste Escoffier，1846—1935）制作的宫廷菜肴延续了十七八世纪贵族菜肴的传统，会因为早熟蔬菜的稀有和漂亮的色泽而偏爱它们。但是从 20 世纪 70 年代开始，法国的新式菜肴就不再把12月为客人提供非应季的芦笋和草莓视为奢侈，而是倾向于提供应季蔬果。尤其是西班牙和摩洛哥生产了许多低价的早熟蔬菜，有钱人不再能从购买早熟蔬菜中感受到消费的乐趣。现在星级厨师们必须另寻方法来展示自己菜品的优越性，比如菜肴的口味、新鲜程度、地方特色等。近期，人们还会看菜肴有没有重现被遗忘的风味和口感（比如防风草和欧芹根的味道等）。

贝尔纳·罗瓦索（Bernard Loiseau，1951—2003）就属于新一代的法国厨师，他在索利厄(Saulieu)开了一家“黄金海岸”(La Côte d’or)餐厅，特别有名。罗瓦索新创了一份名为“欢乐蔬菜”（légumes en fête）的套餐，餐厅里永久供应。在1991年发表的一篇访谈中，罗瓦索强调了自己对于蔬菜的见解：“我和当地的蔬菜生产商联系密切，他们为我供应蔬菜、满足我的需求。我对园丁说我就是要那些特别干瘪的、只有针头那么大的豆子，在我看来那是最好的。然后，那些给我供应兔子的养殖户从我这里拿不要的果蔬皮和胡萝卜头回去喂兔子，这样我就能得到最好的兔肉了。”

罗瓦索用厨余垃圾喂兔子，认为这样能得到质量最好的兔子肉，这体现了家庭养殖业与菜园之间的关联。伟大的星级厨师们重新发现了菜园与厨房之间长久以来的紧密联系，真正说来只有战后在城市环境中成长起来的人们才会忘记这种联系。这些厨师重新重视应季的水果蔬菜，反对在冬天吃绿色豌豆，也开始赞美地方特色产品，甚至让人专门经营本土菜园给他们供应原材料。帕萨德是巴黎“琶音”（l’ Harpège）餐厅的星级厨师，为了得到来自不同地区的食材，他安排了三个地方菜园为他种菜，其中一个菜园在萨尔特(Sarthe)，另外两个在诺曼底。

菜园重新在美食餐厅中占据了重要位置，甚至让人感觉菜园有它自己的理性，只要遵循着菜园自己的理性做菜就行，比如厨师们认为菜园里同时成熟的蔬菜搭配起来吃味道就百分百合适。帕萨德就根据菜园里作物的成熟期和颜色，把不同的蔬菜搭配在一起制作菜品，比如用同时成熟的紫色鼠尾草、紫洋葱、紫色滨藜、小洋蓟、芜菁、紫罗勒和少许覆盆子醋做一道应季的紫色沙拉。但是只考虑原材料的品质，会不会让人以为只要有好的菜园，就能开一家三星级米其林餐厅[1]，而厨师的技术无关紧要呢？

这种新的法式美食体系严格遵循蔬菜的季节性，关注蔬菜本来的特点，让人不由联想起 1650 年左右兴起的法式美食体系，那时也说韭葱汤要有韭葱味，萝卜汤要有萝卜味……不过虽然两个体系有类似点，但背后的思想依据却有差异，如今的美食体系强调可持续发展，强调减少碳排放和尊重环境。如果说现在的法式美食体系重现了当年体系的某些特点，现在的体系则多了一层生态保护的内涵。另外，重视食材本来的味道，可能也是在对抗所谓的分子料理（cuisine moléculaire）[2]。

重现短距离食物供应链

这种“绿色”的美食体系也重视短距离食物供应链的好处。所谓短距离食物供应链，就是指生产食物和消费食物的地方距离不远。早期在一些美国城市，消费者根据生产地与消费地之间的距离计算食物的环境成本，他们被称作“本地食材主义者”（locavores）。本地食材主义者喜欢购买当地生产的食物，他们也推动了那些靠

1　阿兰·帕萨德所在的“琶音”餐厅就是一家三星级的米其林餐厅。

2　分子料理通过复杂的技术处理，让食材呈现出原本没有的特征，正好与强调保留食物原本味道的美食体系相反。

近市场的菜园的建设。

21 世纪初期，建设短距离食物供应链的问题又促使人们思考另一个老问题，即如何保障城市居民的食物供应。为了保护环境以及适应城市发展，开发商和城市规划者尝试将菜园重新引入大城市。人们尝试在屋顶上种菜，例如 2011 年在巴黎 20 区的一个体育馆就开始用纸板在屋顶上种菜。人们在纸板上先铺一层约 20 厘米厚的绿肥或棕肥（用麦秸、水果和蔬菜皮、咖啡渣、草屑、羊毛、碎叶等材料做成），接着再在上面铺一层约 10 厘米厚的混合肥料，然后就能在上面种蔬菜了，人们形象地把这个方法称为“千层面－苗床”（lasagna-bed）。这种技术由北美人帕特里齐亚·兰扎（Patrizia Lanza）在 20 世纪 90 年代发明，非常适合在城市地区使用，人们可以把板子放在屋顶、庭院、露台、地面等各个地方，而且还免去了挖土和除草的麻烦。

在纸板上种蔬菜让城里的男女老少重新获得了与土地接触的机会，而且吃上自己种的生菜、西葫芦和西红柿，感觉也更放心。不过，这种方式种出来的蔬菜种类较少，于是还有其他实验性的技术在试着为菜园增产，比如水培技术：人们把蔬菜种植在管道系统中，让蔬菜根部泡在富含营养的液体里然后营养液不断更新。还有一些高楼专门配建了菜园，人们用高楼生产的有机肥料给菜园施肥，这样还能同时减少家庭垃圾的数量。雷恩大都会区受到比利时一项倡议的启发，自 2006 年起应居民们的要求，在建筑物脚下放置了堆肥器。

菜园，另一种经济模式

菜园生产蔬果给家庭供应食物，除此之外它还具有社会功能，它能促进人与人之间的交往与联系。和售卖商品的商人不同，园丁会免费把自己种的蔬菜水果送给别人。1994年全国统计及经济研究所（Insee）的一项研究表明，菜园里生产的大约一半的水果以及1/4的蔬菜都被园丁拿去送给亲朋好友了，尤其是那些成熟期很短的水果蔬菜，以及夏季产量很大的果蔬，比如绿豌豆、生菜、西红柿、樱桃等。

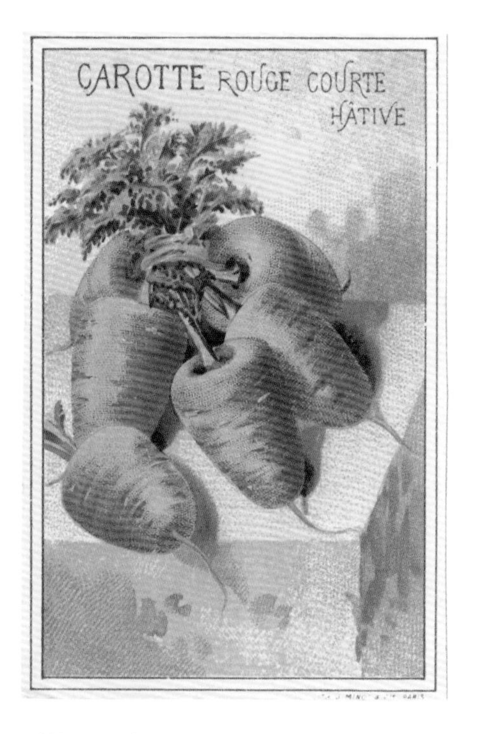

早熟短小型胡萝卜，维尔莫兰种子公司的包装。

这张包装图上画了一些好看又饱满的胡萝卜，胡萝卜还带着根，唤起了人们对于蔬菜的美好想象。这些胡萝卜种子产地清晰，长出的蔬菜肉质鲜嫩、品质有保障。这个品种的胡萝卜叫做“早熟短小型胡萝卜”，说明园丁可以提早收获果实，然后在空出来的苗床上接着种植其他蔬菜。如今住在城市里的居民很少看到大自然，又常常担心食品安全问题，看到这些种子包装上的插图，会不由怀念起祖父家或者老家的菜园。

围绕着菜园形成了一个和市场完全不同的经济模式。人们吃菜园里收获的果蔬时常常会说：“这样我们就知道自己吃的是什么”，言下之意就是对市场买来的水果蔬菜并不放心。即使园丁最初是从市场买的种子和幼苗，一旦把它们种进菜园里，慢慢地，它们就与原来的商业来源摆脱了联系。就跟中世纪以及旧制度时期一样，在菜园里收获的水果、蔬菜和香草因为来自菜园而被赋予更多积极价值。另外，园丁的勤劳工作也给水果蔬菜打上了个人烙印，而在市场上售卖的那些水果蔬菜常常因为不知道是谁种的，而少了些人情味。

《乡村：世界性的乡村杂志》，第 31 期，1950 年 7 月 30 日。

这期《乡村》杂志的封面上画了一位面带微笑的年轻女子，战争以及配给制度结束后，她从自家菜园里带回了大量蔬菜，说明菜园在家庭食物供应方面很重要。围绕菜园的自给自足反映了一种与市场经济不同的经济模式。自家生产的蔬菜不仅新鲜，吃起来感觉也比从市场买的更好更健康。在 21 世纪初，园艺爱好者们依然在强调菜园的这些优点。

围绕家庭菜园形成的经济模式以交换和赠予为基础。许多菜园展销会或植物交易集市都是基于非营利的交换原则举办的，也就是说人们只交换而不买卖作物。20 世纪新出现的社区园圃、集体菜园或共享菜园也有一个共同点：就是不以营利为目的。根据法国的法律，管理菜园的协会或联合会也必须是非营利组织。总之围绕菜园形成的经济模式与市场经济完全不同。

面向社会问题的菜园

从 20 世纪 90 年代开始，法国出现了各种新型实验性的菜园形式，比如集体菜园、共享菜园和联合菜园，这些实验与当时的社会问题紧密相关。不同菜园的经营模式不同。比如在共享菜园（有时也被称为邻里菜园）里，人们会把土地分块种植或集体种植。在联合菜园里，大家会先集体种植，再平分收成。

不论这些菜园是什么形式，都希望能解决一些社会问题。建设共享菜园是参考了美国和加拿大的经验（特别是魁北克地区的集体菜园），目的是让那些被遗弃的贫困社区重新焕发生机、重建这些地方的社会纽带、整合不稳定的移民人群。人们把城市荒地以及地产项目闲置的土地，都改造成暂时性或永久性的共享菜园。建设这种菜园的首要目标和社区园圃不同，它不仅是生产蔬菜的地方，还是重新建立人与人之间的社会联系、促进不同社会阶层以及不同代际人群之间融合的场所。所以这些菜园里有游乐场、有非作物性质的观赏植物，还有妇女儿童经常来这里游玩。

而建设联合菜园则是为了帮助某些困难人群重新融入社会。面对那些社会低保户、长期失业者、无家可归者，甚至是触犯法律的人，联合菜园都向他们施以援手，为他们提供在菜园里工作的机会。联合菜园还被当成具有治疗效果的空间场所，残疾人、戒酒戒药人群，通过在菜地工作来治疗疾病，尝试重新融入人群。当社会以经济制度为由对这些人群带有敌意的时候，菜园再次提供了一处补偿性的空间。人们在这里可以放松自己，哪怕疲劳也仅仅是身体上的疲劳，是有益的疲劳。日夜更替、冬夏流转，人们在这里学习尊重自然节奏，尊重植物的生长周期以及气候的限制，同时重拾身心的平衡。另外，这里的工作不仅能够平衡人们身心，教导人们尊重自然规律，还能给大家带来切切实实的收益。园丁们能享受自己的劳动果实，分发的水果蔬菜也是对他们劳动的一种肯定。

联合菜园往往选择生态环保的生产方式。1991 年，弗朗什－孔泰(Franche-Comté)地区建立了一些联合菜园，被称为“幸福菜园”(les Jardins de cocagne)。这些菜园一方面帮助那些处境困难的人群，让他们在专业人员的监督下在菜园里种植蔬菜、水果和鲜花，一方面强调可持续发展。加入幸福菜园项目的会员会定期购买菜园生产的产品，具体购买什么视菜园供给情况决定，会员不能自由选择，但出售的菜品肯定是应季且有机的。1999 年，法国有 50 处这样的幸福菜园，如今已有超过 100 处。

法国慈善组织“爱心餐厅”(Restos du cœur)也有自己的菜园，叫做“爱心菜园”(les Jardins du cœur)。这些慈善菜园同样也为处境困难的人们提供在菜园里种植蔬菜水果的工作机会，帮助他们重新融入社会。不过与“幸福菜园”不同的是，“爱心菜园”生产的水果蔬菜并不对外出售，而是通过“爱心餐厅”组织免费发放给有需要的人，或者让人直接来现场采摘。第一家爱心菜园创立于 1991 年，如今法国已经有一百多处爱心菜园。虽然这些园子常常建在郊区，但爱心餐厅组织还是郑重地称这些园子为“菜园”，因为关于菜园人们有许多美好的想象。

这些面向社会问题的菜园建设工作也得到了政府的认可，《农村法》（*Code rural*）第五册第六篇（code rural, titre VI, livre V）就提到了共享菜园和联合菜园，并强调说："这些菜园有利于保护水果、蔬菜和鲜花的品种多样性，促进园艺技术的发展和园丁之间的交流。"

维持生计的菜园经久不衰

两次世界大战告诉我们，在经济匮乏的条件下，菜园能帮助我们抵抗饥饿、养活自己。西方世界虽然并不质疑度假型菜园的价值，但也重新发现了普通菜园在维持生计上的重要性。面对经济危机、工作的不稳定、根深蒂固的失业风险等困难，种一处用来自给自足的菜园又变得重要了。在现在的菜园里，人们更倾向于种土豆，而不是中世纪的豆类。这些选择背后的逻辑是一脉相承的，就是想通过种植耐储藏的蔬菜来抵御饥饿。

在 20 世纪末，平均每三个法国家庭就有一个拥有菜园。这些菜园类型广泛，既有度假胜地里的菜园（有钱人在夏季来到这里享用新鲜的蔬菜），也有用于维持生计的菜园（确保一年里有足够数量的蔬菜来满足温饱）。用于维持生计的菜园里常常还养着一些牲畜，而且园丁会充分利用土地，几乎把整个菜地都种满。这些菜园里常常还配有冰箱，用来储藏菜园一年里生产的蔬菜。社会学调查表明，拥有温饱型菜园的家庭有冰箱的比例更高，也就是说农村比城市的冰箱多，工人居住区的比富人居住区的多。

全国统计及经济研究所（Insee）在调查家庭消费情况时考虑到了菜园的影响，这充分说明，在当代法国，菜园在经济运作以及食物供应方面依然占据重要位置，吃自己种的蔬菜水果并不是什么稀奇事。根据 Insee 的统计，1994 年，种植菜园为法国家庭节约了大约

巴涅（Bagneux）地区的社区园圃。

战后重建的“光荣三十年”中，随着经济逐渐繁荣、城市化水平不断提高，社区园圃依然保留了下来。菜园仍然是一处受欢迎的休闲场所，同时也是经济困难时期的一个重要生产空间。众人在菜园里一起耕种，加强了彼此间的交流。集体菜园、共享菜园、联合菜园这些菜园形式也在促使我们反思城市生活。菜园不仅仅是一个简单的生产场所，在历史长河中它不断传递着各种积极价值，营造着主流社会秩序边缘处的一个小乌托邦。

41% 用来购买水果蔬菜的开支。当然，这只是一个平均值，种植社区园圃所节约的比例应该更高。21 世纪初，居民消费中大约 23% 的蔬菜和 12% 的水果都是人们自种的。因此，种植菜园在维持生计方面依然起到很大作用。最近的历史也告诉我们，菜园这个自从人类定居以来就伴随左右的老朋友，依然有着光明的未来。

参考书目

Yves-Marie Allain, *De l'orangerie au palais de cristal. Une histoire des serres*, Versailles, Éditions Quae, 2010.

（伊夫－马理·阿岚：《从橘园到水晶宫：温室的历史》，凡尔赛：奎恩出版社，2010 年）

Béatrice Cabedoce et Philippe Pierson, *Cent ans d'histoire des jardins ouvriers, 1896-1996. La Ligue française du coin de terre et du foyer*, Paris, éditions Creaphis, 1996.

（比阿特丽斯·卡贝多斯和菲利普·皮尔森：《社区园圃百年史（1896—1996）：土地与家庭在法国的联盟》，巴黎：克雷阿菲斯出版社，1996 年）

Alain Corbin, *L'Avènement des loisirs (1850-1960)*, Paris, Aubier, 1995.

（阿兰·科尔班：《休闲方式的出现（1850—1960）》，巴黎：奥比耶出版社，1995 年）

Françoise Dubost, *Les Jardins ordinaires*, Paris, L'Harmattan, collection « logiques sociales », 1997, rééd. 2010, première éd. 1984, édition Scarabée & Co sous le titre *Côté Jardins*.

（弗朗索瓦丝·杜博斯特：《平凡的菜园》，巴黎：哈麦丹出版社，收入“社会逻辑”系列，1997 年出版，2010 年再版，第一版于 1984 年由甲虫出版社以《菜园的一侧》为题出版）

Flaran 9 - Jardins et vergers en Europe occidentale (VIIIe-XVIIIe siècle), Centre culturel de l'abbaye de Flaran, Auch, 1989.

（《西欧的菜园与果园（从 8 世纪到 18 世纪）》（“弗拉兰”系列第 9 辑），欧什：弗拉兰修道院文化中心，1989 年）

Séverine Gojard, Florence Weber, «Jardins, jardinage et autoconsommation alimentaire », *INRA Sciences sociales*, n°2, avril 1995.

（塞维琳·戈贾尔与弗洛朗斯·韦伯：《菜园，园艺与食物的自给自足》，《法国国家农业科学研究院社会科学》1995 年 4 月第 2 期）

Antoine Jacobsohn, *Anthologie des bons jardiniers. Traités de jardinage français du XVIe siècle au début du XIXe siècle*, Paris, La Maison Rustique-Flammarion, 2003.

（安托万·雅各布松：《优秀园丁文集：16 世纪至 19 世纪初的法国园艺论文》，巴黎：弗拉马利翁出版社，“乡间小屋”系列，2003 年）

Antoine Jacobsohn, sous la direction de, *Du fayot au mangetout. L'histoire du haricot sans en perdre le fil*, Rodez, éditions du Rouergue, 2010.

（安托万·雅各布松编：《从干菜豆到嫩豌豆：豆类历史提要》，罗德兹：鲁埃格出版社，2010 年）

Marcel Lachiver, *Dictionnaire du monde rural. Les mots du passé*, Paris, Fayard, 1997.

（马塞尔·拉奇弗：《乡村词典：过往的词汇》，巴黎：法亚尔出版社，1997 年）

Daniel Meiller et Paul Vannier, *Le grand livre des fruits et légumes. Histoire, culture et usage*, Besançon, Éditions La Manufacture, 1991.

（丹尼尔·梅耶和保罗·瓦尼埃：《水果和蔬菜全集：历史、文化与用途》，贝桑松：工厂出版社，1991 年）

Georges Provost, Florent Quellier, sous la direction de, *Du Ciel à la terre. Clergé et agriculture (XVIe-XIXe siècle)*, Rennes, Presses universitaires de Rennes, 2008.

（乔治·普罗沃斯特，弗洛朗·凯利耶编：《从天空到大地：神职人员与农业（16 到 19 世纪）》，雷恩：雷恩大学出版社，2008 年）

Florent Quellier, *Des fruits et des hommes, l'arboriculture fruitière en Île-de-France, vers 1600 – vers 1800*, Rennes, Presses universitaires de Rennes, 2003.

（弗洛朗·凯利耶：《水果与人类：法兰西岛上的果树种植（约 1600—1800）》，雷恩：雷恩大学出版社，2003 年）

Michel Tournier et Georges Herscher, *Jardins de curé*, Paris, Actes Sud, 1995.

（米歇尔·图尼埃和乔治·赫舍尔：《神父菜园》，巴黎：南方文献出版

社，1995 年）

Jean-René Trochet, Jean-Jacques Péru, Jean-Michel Roy (sous la direction de), *Jardinages en région parisienne, XVIIe-XXe siècle*, Paris, Créaphis, 2002.

（让 – 勒内·特罗谢、让 – 雅克·佩鲁和让 – 米歇尔·罗伊编：《巴黎地区的园艺（17—20 世纪）》，巴黎：克雷阿菲斯出版社，2002 年）

Sur la terre comme au ciel. Jardins d'Occident à la fin du Moyen Âge, Paris, éditions de la Réunion des musées nationaux, 2002.

（《在大地之上，如同在天空之中：中世纪末期的西方菜园》，巴黎：国家博物馆协会出版社，2002 年）

Florence Weber, *L'honneur des jardiniers. Les potagers dans la France du XXe siècle*, Paris, Berlin, 1998.

（弗洛朗斯·韦伯：《园丁的荣耀：20 世纪的法国菜园》，巴黎：贝林出版社，1998 年）

著作权合同登记号 图字：01-2021-4094
图书在版编目（CIP）数据
菜园简史 /（法）弗洛朗·凯利耶著；卫俊译．—北京：北京大学出版社，2022.8
ISBN 978-7-301-33185-9
Ⅰ．①菜… Ⅱ．①弗… ②卫… Ⅲ．①蔬菜园艺－农业史－法国 Ⅳ．①S63
中国版本图书馆 CIP 数据核字（2022）第 135164 号

Originally published in France as:
Histoire du jardin potager by Florent QUELLIER

Simplified Chinese language translation rights arranged through Divas International, Paris
巴黎迪法国际版权代理 (www.divas-books.com)

书　　名　菜园简史
CAIYUAN JIANSHI
著作责任者　（法）弗洛朗·凯利耶（Florent Quellier）著　卫　俊　译
责任编辑　王立刚　陈佳荣
标准书号　ISBN 978-7-301-33185-9
出版发行　北京大学出版社
地　　址　北京市海淀区成府路 205 号　100871
网　　址　http://www.pup.cn　新浪微博：@ 北京大学出版社
电子信箱　nancychenjiarong@126.com
电　　话　邮购部 010-62752015　发行部 010-62750672
编辑部 010-62752824
印 刷 者　北京九天鸿程印刷有限责任公司
经 销 者　新华书店
880 毫米 × 1230 毫米　16 开本　15.25 印张　193 千字
2022 年 8 月第 1 版　2022 年 8 月第 1 次印刷
定　　价　108.00 元